高等学校教材

物理化学实验

（工科类专业用）

北京科技大学物理化学教研室　组织编写

李　晔　韦美菊　主编

化学工业出版社

·北京·

本书由北京科技大学物理化学教研室组织编写，为北京科技大学材料、冶金、生物技术和环境工程专业的本科生必修课《物理化学实验》的指定教材。实验涉及化学热力学、化学动力学、电化学、表面与胶体化学、结构化学等分支的14个实验内容。按照基础实验、综合设计实验不同层次展开。

本书可作为高等院校材料、冶金、生物技术和环境工程专业的教材或参考书，对于其他兄弟院校工科专业物理化学实验教学也具有一定的参考价值。

图书在版编目（CIP）数据

物理化学实验（工科类专业用）/李晔，韦美菊主编. —北京：化学工业出版社，2013. 3（2021.2重印）
高等学校教材
ISBN 978-7-122-16459-9

Ⅰ.①物… Ⅱ.①李…②韦… Ⅲ.①物理化学-化学实验-高等学校-教材 Ⅳ.①O64-33

中国版本图书馆CIP数据核字（2013）第020061号

责任编辑：杨　菁　　文字编辑：糜家铃
责任校对：战河红　　装帧设计：史利平

出版发行：化学工业出版社（北京市东城区青年湖南街13号　邮政编码100011）
印　　装：北京捷迅佳彩印刷有限公司
787mm×1092mm　1/16　印张7¼　字数170千字　2021年2月北京第1版第5次印刷

购书咨询：010-64518888　　售后服务：010-64518899
网　　址：http://www.cip.com.cn
凡购买本书，如有缺损质量问题，本社销售中心负责调换。

定　　价：29.00元

前　言

本教材是根据北京科技大学材料、冶金、生物技术和环境工程专业的本科物理化学实验教学的要求，在以往多年的《物理化学实验》（校内讲义）和《物理化学实验（续）》（校内讲义）的基础上，由我校化学与生物工程学院化学与化学工程系物理化学教研组编写而成。

在长期从事物理化学实验教学工作的过程中，我们逐渐认识到物理化学的教学目的，应该从传统的掌握物理化学基本实验技术和方法为主的教学目的，向着培养学生的综合能力和科学研究能力的方向转变。物理化学实验的特点是大量使用仪器设备组成一个实验体系，对研究对象的物理化学性质进行测定。这些物理化学性质往往是间接测量得到的，直接测量的结果需利用数学的方法加以整理和综合运算，才能得到所需的结果。所以，物理化学实验对于培养学生综合实验能力、科学研究思维、数据处理和绘图能力具有重要的意义。基于此，该教材在保持传统教材特点的基础上，参考了国内外大量的相关资料，综合了化学领域中各学科所需的基本研究手段和方法，增加了部分研究和设计型实验，力图使学生通过实验训练培养创新思维和初步进行科学研究的能力。

教材共分为绪论、实验部分和基本实验技术与实验仪器三章。实验部分按照基础实验、综合设计实验不同层次展开。基础实验内容系统地涵盖了化学热力学、化学动力学、电化学、表面与胶体化学、结构化学等分支的 11 个实验内容。综合设计实验则设立了 3 个实验内容。根据国家标准局颁布的有关标准，本教材采用国际单位制（SI）及有关标准所规定的计量单位名称、符号和表示法。附录中还列出了一些物理化学常用数据表，每一个实验内容的最后都给出主要的参考文献，供学生强化对实验的理解和掌握并扩展相关知识。

本书是北京科技大学材料、冶金和环境工程专业的本科必修课——《物理化学实验》的指定教材。对于其他兄弟院校工科专业物理化学实验的教学也具有一定的参考价值。本教材由李晔、韦美菊担任主编，编写组成员有：陈飞武、叶亚平、袁文霞、王桂华、王碧燕、李旭琴、张恒建、邓金侠、钱维兰、顾聪、樊红霞、郭中楠等老师。

本教材得到了北京科技大学“十二五”规划教材建设项目（项目号：JCYB2012037）的资助，在此深表感谢。

由于编者水平有限，疏漏之处在所难免，敬请读者不吝批评指正。

编者

2012 年 11 月

目 录

第1章 绪 论

1.1 物理化学实验的目的

物理化学实验是继无机化学实验和分析化学实验之后的一门独立的基础实验课程，本课程以物理化学基本理论和方法为基础，利用物理仪器、通过实验使学生初步了解物理化学的研究方法，掌握物理化学的基本实验技术和技能，学会重要的物理化学性能测定方法，实验教学内容综合了化学领域中各分支需要的基本研究工具和方法。所以物理化学实验的主要目的是熟悉物理化学实验现象的观察和记录、实验条件的判断和选择、实验数据的测量和处理、实验结果的分析和归纳等一套严谨的实验方法，从而加深对物理化学基本理论的理解，增强解决实际化学问题的能力，为学生今后做专业基础实验、专业实验和毕业论文打下坚实的基础。

1.2 物理化学实验的要求

1.2.1 基础实验的要求

（1）实验前的预习

学生在实验前要充分预习，应事先认真仔细阅读实验内容，了解实验的目的和原理、所用仪器的构造和使用方法、实验操作过程和步骤，做到心中有数。在预习的基础上写出实验的预习报告，其内容包括：实验目的、实验原理、实验仪器和药品、实验步骤和实验数据的记录表格。原始数据记录表非常重要，由学生单独设计，以便记录实验中测出的数据。进入实验室后，教师应检查学生的预习报告，并进行必要的讲解和提问，达到预习要求后方可进行实验。

实践证明，学生有无充分预习对实验结果的好坏和对仪器的损坏程度影响极大。因此，一定要坚持做好实验前的预习工作，提高实验效果。

（2）实验过程和实验记录

学生开始实验前应检查实验仪器设备的种类和数量是否符合要求，并做好实验前的各种准备工作，如放置样品、装置仪器和连接线路等。准备完毕后，需经教师或实验室的老师检查无误后，方可进行实验。实验过程中要注意控制实验条件，正确地进行每一个操作，仔细观察，认真记录实验现象和实验数据。

实验数据必须记录在事先设计好的原始数据记录表中。记录原始实验数据和现象必须真实和准确。记录数据时，不能只拣“好”的数据记。字迹要准确清楚，不能随意涂抹数据。保持一个良好的记录习惯是物理化学实验的基本要求之一。实验原始记录必须经教师检查签字后方有效。

实验条件也必须记录。实验结果与实验条件是紧密相关的，它提供了分析实验中出现问题和误差大小的重要依据。实验条件一般包括环境条件，如大气压、室温和湿度等，以及仪器药品条件，如使用药品的名称、纯度、浓度和仪器的名称、规格、型号和实际精度等。

针对每一个实验，教师可根据实验所用的仪器、试剂及具体操作条件，提出对实验结果的要求范围，学生达不到此要求，则该实验必须重做。

实验完毕后，仪器、药品和实验场地必须进行清洗和整理，需要烘干的仪器经清洗后放入烘箱。最后，经实验室老师查收后，方可离开实验室。

(3) 实验报告的要求

完成实验报告是本课程的基本训练，它将使学生在实验数据处理、作图、误差分析、问题归纳等方面得到训练和提高。实验报告的质量在很大程度上反映了学生的实际水平和能力。学生在实验的预习报告基础上，对实验数据进行处理，实验现象进行分析，最后写出实验报告。实验报告应包括：实验预习报告和数据处理，结果和讨论等。

在写报告时，要求开动脑筋、钻研问题、耐心计算、认真作图，使每次报告都符合要求。重点应放在对实验数据的处理和对实验结果的分析讨论上。实验报告的讨论内容应包括：对实验现象的分析和解释、对实验结果的误差分析、对实验的改进意见和心得体会等方面。

一份好的实验报告应该做到实验目的明确、原理清楚、数据准确、作图合理、结果正确和讨论深入。

1.2.2 综合设计实验的要求

设计型实验不是基础实验的重复，是作为基础实验的提高和深化。它是在教师的指导下，由教师指定或学生选择实验内容和课题，应用已经学过的物理化学实验原理、方法和技术，查阅文献资料，独立设计实验方案，选择合理的仪器设备，组装实验装置，进行独立的实验操作，写出设计实验报告。由于物理化学实验与科学研究之间在设计思路、测量原理和方法上有许多相似性，因而对学生进行设计型实验的训练，可以较全面地提高他们的实验技能和综合素质，对于初步培养科学研究的能力是非常重要的。

(1) 设计实验的程序

① 选题：在教材提供的设计型实验题目中选择自己感兴趣的题目，或者自己确定实验题目。

② 查阅文献：查阅包括实验原理、实验方法和仪器装置等方面的文献。

③ 设计方案：在文献调研的基础上，提出实验方案。设计方案应包括实验装置示意图、详细的实验步骤、所需的仪器、药品清单等。

④ 可行性论证：在实验开始前一周提交设计型实验的预习报告，进行可行性论证。请老师和同学提出存在的问题，优化实验方案。

⑤ 实验准备：提前一周到实验室进行实验仪器、药品等的准备工作。

⑥ 实验实施：实验过程中注意观察实验现象，考查影响因素等，反复进行实验直到成功。

⑦ 数据处理：综合处理实验数据，进行误差分析，按论文的形式写出实验报告。

(2) 设计实验的要求

① 所查文献最好包括一篇外文文献，同时提交有关设计型实验的预习报告。

② 学生必须自己独立设计实验、组合仪器并完成实验，以培养综合运用化学实验技能

和所学的基础知识解决实际问题的能力。

③ 实验设计方案必须经老师批准同意后，方可进行实验。

1.3　物理化学实验的安全防护

化学实验过程中的安全防护，是保证实验能否顺利进行，以及确保实验者人身安全及实验室设备和财产安全的重要问题，同时也与培养学生良好的实验素质密切相关。物理化学实验过程中潜藏着各种危险的事故，例如着火、爆炸、灼伤、割伤、中毒、触电等等。如何去防止事故的发生以及学会事故发生后的紧急处理措施是每一个化学实验工作者所必须具备的基本素质。这些内容在先行的化学类实验课中已多次作了介绍，在此主要结合物理化学实验的特点，介绍安全用电以及使用化学药品的安全防护等知识。

1.3.1　安全用电常识

物理化学实验过程中需使用很多电器设备等，所以要特别注意安全用电。50Hz交流电通过人体时电流强度达到25mA以上，即会出现呼吸困难甚至停止呼吸，若通过100mA以上时，心脏的心室发生纤维性颤动，即会导致人直接死亡。直流电对人体的伤害与交流电类似。违章用电除造成人身伤亡外，常常还可能造成火灾、损坏仪器设备等严重事故。因此，使用电器时一定要遵守实验室安全守则。

(1) 防止触电

① 电器设备保持干燥，不用潮湿的手接触电器设备。

② 电源裸露部分应有绝缘装置（例如电线接头处应裹上绝缘胶布）。

③ 所有电器设备的金属外壳必须保护接地。

④ 实验时，应先连接好电路后才接通电源。实验结束时，先切断电源再拆线路。

⑤ 维修或安装电器设备时，应先切断电源。

⑥ 不能用普通电笔测试高压电。使用高压电源应有专门的防护措施。

⑦ 如有人触电，应迅速切断电源（进实验室时首先观察电源总闸位置），然后进行抢救。

(2) 防止引起火灾和短路

① 使用的保险丝必须符合电器设备的额定需要，防止电器设备超负荷运转。

② 使用电线必须满足电器设备的功率要求，禁止高温热源接近电线。

③ 实验室内若有氢气等易燃易爆气体，必须避免产生电火花。继电器工作时、电器接触点（如插头等）接触不良时以及开关电闸时，都容易产生电火花，要特别小心。

④ 如遇电线起火或电器设备着火，应立即切断电源，用沙或二氧化碳、四氯化碳灭火器灭火（用二氧化碳、四氯化碳灭火器或沙灭火），禁止用水或泡沫灭火器等导电液体灭火。

⑤ 线路中各接点应牢固，电路元件两端接头不要互相接触，以防短路。

⑥ 电线、电器设备等不要被水淋湿或浸在导电液体中。

(3) 电器仪表的安全使用

① 电器设备仪表灯在使用前，首先了解其使用电源为交流电还是直流电，是三相电还是单相电，以及电压的大小（380V、220V、110V或6V等）。必须弄清电器设备功率是否符合要求，以及直流电器仪表的正、负极。

② 电器仪表量程应大于待测量。如果待测量大小不明时，应从最大量程开始测量。

③ 实验之前检查线路连接是否正确，经老师检查同意后才可接通电源。

④ 电器设备仪表使用过程中，如果发现有不正常声响、局部温度升高或嗅到绝缘漆过热产生的焦味，应立即切断电源，并报告老师进行检查。

1.3.2 化学药品安全防护

（1）防毒

① 实验前，应首先了解所用药品的毒性及防护措施。

② 操作有毒气体（如氯气、硫化氢、浓盐酸、氢氟酸、二氧化氮、苯及其衍生物、易挥发性有机溶剂等）时，应在通风橱内或在配有通风设施的实验台上进行，避免与皮肤接触。

③ 实验室中所用水银温度计含剧毒金属汞，应尽量避免摔碎。如不慎摔碎将汞洒落时，应及时且尽量用吸管回收汞液，再用硫黄粉覆盖并搅拌使之形成硫化汞（在汞面上加水或其他液体覆盖不能降低汞的蒸气压）。

④ 氰化物、高汞盐［$HgCl_2$、$Hg(NO_3)_2$ 等］、可溶性钡盐（$BaCl_2$）、重金属盐（如镉、铅盐）、三氧化二砷等剧毒药品，应妥善保管，使用时要特别小心。

⑤ 禁止在实验室内喝水、吃东西。饮食用具不要带进实验室，以防毒物污染，离开实验室及饭前要洗净双手。

（2）防爆

① 可燃气体与空气混合，当两者比例达到爆炸极限时，受到热源（如电火花）的诱发，就会引起爆炸。一些气体的爆炸极限见表 1-3-1。使用可燃性气体时，要防止气体逸出，室内通风要良好。操作大量可燃性气体时，严禁同时使用明火和可能产生电火花的电器设备，并防止其他物品撞击产生火花。

表 1-3-1 与空气混合的某些气体的爆炸极限（20℃，1 个标准大气压）

气体	氨	一氧化碳	水煤气	煤气	醋酸	氢	乙醇	丙酮	乙烯	乙炔	乙酸乙酯	苯	乙醚
爆炸高限/%(体积)	27	74.2	72	32	—	74.2	19	12.8	28.6	80	11.4	6.8	36.5
爆炸低限/%(体积)	15.5	12.5	7	5.3	4.1	4	3.3	2.6	2.8	2.5	2.2	1.4	1.9

② 有些药品如乙炔银、高氯酸盐、过氧化物等受震和受热都易引起爆炸，使用时要特别小心。

③ 严禁将强氧化剂和强还原剂放在一起。

④ 久藏的乙醚使用前应除去其中可能产生的过氧化物。

⑤ 进行容易引起爆炸的实验，应有防爆措施。

（3）防火

① 许多有机溶剂如乙醚、丙酮、乙醇、苯等非常容易燃烧，大量使用时室内不能有明火、电火花或静电放电。实验室内不可存放过多这类药品，用后还要及时回收处理，不可倒入下水道，以免聚集引起火灾。

② 有些物质如磷、金属钠、钾、电石及金属氢化物等，在空气中易氧化自燃。还有一些金属如铁、锌、铝等粉末，比表面积大时也易在空气中氧化自燃。这些物质要隔绝空气保

存，使用时要特别小心。

③ 实验室如果着火不要惊慌，应根据情况选择不同的灭火剂进行灭火。几种情况处理方法如下：

a. 金属钠、钾、镁、铝粉、电石、过氧化钠着火，应用干沙灭火。

b. 比水轻的易燃液体，如汽油、苯、丙酮等着火，可用泡沫灭火器。

c. 有灼烧的金属或熔融物的地方着火时，应用干沙或干粉灭火器。

d. 电器设备或带电系统着火，先切断电源，再用二氧化碳灭火器或四氯化碳灭火器。

（4）防灼伤

强酸、强碱、强氧化剂、溴、磷、钠、钾、苯酚、冰醋酸等都会腐蚀皮肤，特别要防止溅入眼内。液氧、液氮等低温也会严重灼伤皮肤，使用时要小心。万一灼伤应及时治疗。

1.4 物理化学实验中的误差分析

物理化学实验课程中涉及许多物理量的测量。这些物理量中，有些是可以直接测量的，如温度和压力等，它们被称之为可直接测量的量。有些物理量是不能直接测量的，但能利用它和某些可直接测量的量之间的函数关系计算出来，这些量被称之为间接测量的量。例如在凝固点下降法测量溶质的摩尔质量实验中，溶质的摩尔质量就是间接测量的量，因为它是利用凝固点下降公式最后计算出来的。

测量误差是实验测量值和真值之间的差值。测量误差的大小表示测量结果的准确度。它和实验仪器本身的精度、试剂的纯度、环境的影响以及实验者个人等因素有关。测量误差分为系统误差和偶然误差两类。这些误差又通过各种函数关系式传递给间接测量的量。

精密度表示几次平行测量结果之间的相互接近程度。测量结果的重现性越好，其精密度就越高。但是，精密度越高，并不一定表示测量结果越准确，因为可能由于系统误差，所有的结果都偏离了真值。

误差分析就是分析各种误差产生的原因，误差分布的规律，误差的传递以及对实验结果准确度和精密度的影响。

1.4.1 误差的种类

根据误差的性质和来源，可将实验误差分为系统误差和偶然误差两大类。下面分别加以介绍。

（1）系统误差

系统误差是某些固定因素引起的。系统误差的一个显著特点就是，多次重复测量某一物理量时，测量的误差总是偏大或偏小，它不会时大时小，系统误差主要由下列因素引起：

① 仪器误差。由于仪器结构上的缺点，或校正与调节不适当所引起的。如天平砝码不准，气压计真空度不够，仪器读数部分的刻度划分不准确等。这类误差可以通过对仪器的校正而加以修正。

② 试剂误差。由于实验中所用试剂含有某些杂质而给实验结果带来误差。这类误差可用提纯试剂而加以改善。

③ 方法误差。由于测量方法所依据的理论不完善，或采用不恰当的近似计算公式而引起的误差。如用冰点下降法测量摩尔质量，其结果总是偏低于真值。这时可用更精确的公式

取代近似公式加以解决，或可估计其误差的大小。

④ 个人误差。由于实验观察者的分辨能力和固有习惯所引起的误差。如记取某一变化信号的时间总是滞后，读数时眼睛的位置总是偏高或偏低，判断滴定终点时颜色的程度不同等。这类误差可以通过训练而加以克服。

系统误差产生的原因很复杂。实验工作者的重要任务之一就是找出系统误差存在的形式，并尽量想办法加以修正改进。除了上面提出的方法外，还可通过不同的实验方法来检验实验结果的可靠程度。比较不同实验的结果，有助于分析某一实验中是否存在系统误差，并进一步采取措施来消除它。

（2）偶然误差

在相同条件下多次重复观测某一物理量，仍会发现存在微小误差，这种误差的符号时正时负，其绝对值时大时小，这种误差称为偶然误差。偶然误差又称之为随机误差。如估计仪器最小分度以下读数时，时而偏大，时而偏小。又如判断终点时指示剂颜色会有深有浅。这些都是对同一物理量多次重复测量不能完全吻合的原因。偶然误差主要由下列因素引起：

① 观察者的偶然误差。观察者对仪器最小分度值以下读数的估计，很难每次完全一致，特别在变化中读取时更是如此。

② 外界条件变化引起的偶然误差。如很多体系的物理化学性质与温度、压力有关，而实验过程中温度、压力的恒定控制范围是有限的。温度和压力的不规则波动必然导致实验结果的偶然误差。

需要指出的是，由于实验者的粗心，如操作不正确、记录写错以及计算错误等由于实验者的过失所引起的误差，不属于测量误差的范畴，也无规律可循。每一位实验工作者必须认真仔细，对这类错误加以克服。

（3）平均值和标准偏差

设在相同实验条件下，对某一物理量 x 进行独立的 n 次测量，得到如下 n 个测量值

$$x_1, x_2, x_3, \cdots, x_n$$

物理量 x 的算术平均值 $\overline{x}$ 定义为

$$\overline{x}=\frac{x_1+x_2+x_3+\cdots+x_{n-1}+x_n}{n}=\frac{1}{n}\sum_{i=1}^{n}x_i \tag{1-4-1}$$

当测量次数为无限多时，物理量 x 的平均值趋近一极限值，记为 x_∞，式(1-4-1) 变为

$$\overline{x}_\infty=\lim_{n\to\infty}\frac{1}{n}\sum_{i=1}^{n}x_i \tag{1-4-2}$$

系统误差是指在相同条件下，无限多次测量物理量 x 所得结果的平均值 $\overline{x}_\infty$ 与其真值之间的差值，即

$$\varepsilon=\overline{x}_\infty-x_{真} \tag{1-4-3}$$

第 i 次测量的偶然误差是指其测量结果 x_i 与相同条件下无限多次测量物理量 x 的平均值 $\overline{x}_\infty$ 的差值，即

$$\delta_i=x_i-\overline{x}_\infty \tag{1-4-4}$$

在实际过程中测量次数不可能无限多，上式中 $\overline{x}_\infty$ 常用 $\overline{x}$ 来代替，以计算偶然误差。

有了平均值的定义式(1-4-2)，标准误差以 σ 表示，定义如下

$$\sigma=\sqrt{\frac{\sum_{i=1}^{n}(x_i-\overline{x}_{\infty})^2}{n}} \tag{1-4-5}$$

标准误差又称为均方根误差。在实验过程中，测量都只能进行有限次，式(1-4-5)相应地改为

$$s=\sqrt{\frac{\sum_{i=1}^{n}(x_i-\overline{x})^2}{n-1}} \tag{1-4-6}$$

上式中 $n-1$ 表示独立的自由度数。以 s 表示的标准偏差称为样本标准差。σ 和 s 常用来表示测量结果的精密度。

文献中还常遇到其他表示误差的方法，如第 i 次测量的绝对误差 α_i、绝对偏差 β_i 和平均误差 γ。它们分别定义如下

$$\alpha_i=x_i-x_{\text{真}},\beta_i=x_i-\overline{x},\gamma=\frac{\sum_{i=1}^{n}|x_i-\overline{x}|}{n} \tag{1-4-7}$$

式(1-4-7)中的平均误差 γ 也称为精密度。

1.4.2 偶然误差的统计规律

偶然误差服从高斯正态分布。设 δ 表示偶然误差，y 表示偶然误差为 δ 时出现的概率密度，则 y 和 δ 之间的函数关系如下

$$y=\frac{1}{\sigma\sqrt{2\pi}}\exp\left(-\frac{\delta^2}{2\sigma^2}\right) \tag{1-4-8}$$

式(1-4-8)表示偶然误差出现的正态分布形式。图1-4-1是正态分布示意图。设积分的区间为 $[-a,a]$，积分值为 c。c 表示对物理量 x 进行测量时偶然误差在 $-a$ 和 a 之间的概率。c 的具体形式可以表示如下

$$c=\frac{1}{\sigma\sqrt{2\pi}}\int_{-a}^{a}\exp\left(-\frac{\delta^2}{2\sigma^2}\right)d\delta \tag{1-4-9}$$

如果 a 为正无穷大，则积分值 c 为1。除此之外，对于任意的其他区间 $[-a,a]$，积分值 c 没有解析的形式，但可以通过数值积分很容易地计算出来。表1-4-1给出了偶然误差在常用

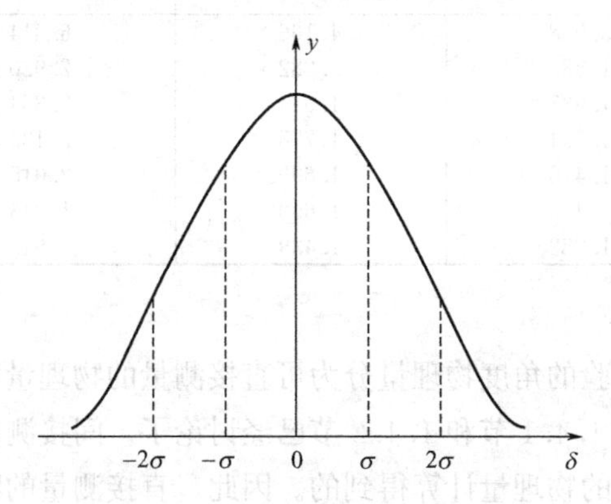

图1-4-1　偶然误差正态分布示意图

区间出现的概率。

表 1-4-1　正态分布偶然误差在常用区间出现的概率

区间①	[$-\sigma$, σ]	[-1.5σ, 1.5σ]	[-2σ, 2σ]	[-2.5σ, 2.5σ]	[-3σ, 3σ]
c	0.682	0.866	0.954	0.988	0.997

① σ 为标准误差。

从表 1-4-1 看出，随着区间的增大，偶然误差出现的概率快速增加。在 [-3σ, 3σ] 区间内，偶然误差出现的概率高达 0.997。偶然误差超过 $\pm3\sigma$ 的测量值出现的概率仅为 0.003。这说明在多次重复测量中出现特别大的误差的概率是很小的。因此，在多次重复测量中，如果个别测量值的偶然误差的绝对值大于 3σ，则可以考虑将这个值舍去。

在无限次测量中偶然误差分布服从正态分布。但在实际过程中，测量不可能进行无限多次。在有限次测量中，偶然误差不再服从正态分布规律，而是服从 t 分布。t 分布是英国统计学家兼化学家 Gosset 用笔名 Student 提出来的。定义自变量 t 如下

$$t=\frac{\delta}{s} \tag{1-4-10}$$

式中，δ 为偶然误差；s 为样本的标准偏差。t 分布函数为

$$y(t,f)=\frac{\Gamma\left(\frac{f+1}{2}\right)}{\sqrt{f\pi}\,\Gamma\left(\frac{f}{2}\right)}\int_{-a}^{a}\left(1+\frac{t^2}{f}\right)^{-\frac{f+1}{2}}\mathrm{d}t \tag{1-4-11}$$

其中 $f=n-1$，$\Gamma\left(\frac{f}{2}\right)$ 为半整数 Γ 函数。Γ 函数定义如下

$$\Gamma(\alpha)=\int_{0}^{+\infty}x^{\alpha-1}\mathrm{e}^{-x}\mathrm{d}x \quad (\alpha>0) \tag{1-4-12}$$

当 n 趋于无穷大时，t 分布趋近于正态分布。和正态分布类似，对式(1-4-11) 进行数值计算，可得出偶然误差在不同积分区间 [$-a$,a] 和 f 时出现的概率。表 1-4-2 中列出了不同 f 和概率 y 时对应的数值 a。需要了解更多有关 t 分布以及可疑值取舍等相关知识的读者请参看本章后参考文献 [1]和[2]。

表 1-4-2　t 分布偶然误差在常用区间 [$-a$, a] 和 f 下出现的概率 y

f \ y	0.80	0.85	0.90	0.99
1	3.078	4.166	6.314	63.657
2	1.886	2.282	2.920	9.925
3	1.638	1.924	2.354	5.841
4	1.534	1.778	2.132	4.605
5	1.476	1.699	2.015	4.033
6	1.440	1.650	1.943	3.708
∞	1.282	1.439	1.645	2.576

1.4.3　误差的传递

前面已经提到，从实验的角度物理量分为可直接测量的物理量和间接测量的物理量。直接测量的物理量的误差在 1.4.1 节和 1.4.2 节已经讨论了。间接测量的物理量是采用已知的公式，通过代入直接测量的物理量计算得到的。因此，直接测量的物理量的误差会传递给间接测量的物理量。

（1）绝对误差和相对误差的传递

设间接测量的物理量为u，它是变量x和y的函数，即

$$u=u(x,y)$$

则u的全微分为

$$du=\frac{\partial u}{\partial x}dx+\frac{\partial u}{\partial y}dy \tag{1-4-13}$$

如果变量x和y的测量误差分别为$|dx|$和$|dy|$，则u的绝对误差为

$$du=\frac{\partial u}{\partial x}|dx|+\frac{\partial u}{\partial y}|dy| \tag{1-4-14}$$

从式(1-4-14)可以得出u的相对误差的计算公式为

$$\frac{du}{u}=\frac{\partial u}{\partial x}\cdot\frac{|dx|}{u}+\frac{\partial u}{\partial y}\cdot\frac{|dy|}{u} \tag{1-4-15}$$

部分常用函数的绝对误差和相对误差的传递公式列于表1-4-3。

表1-4-3　常用函数绝对误差和相对误差的传递公式

函数	绝对误差	相对误差
$u=x\pm y$	$\pm(\|dx\|+\|dy\|)$	$\pm\left(\frac{\|dx\|+\|dy\|}{x\pm y}\right)$
$u=xy$	$\pm(y\|dx\|+x\|dy\|)$	$\pm\left(\frac{\|dx\|}{x}+\frac{\|dy\|}{y}\right)$
$u=\frac{x}{y}$	$\pm\left(\frac{y\|dx\|+x\|dy\|}{y^2}\right)$	$\pm\left(\frac{\|dx\|}{x}+\frac{\|dy\|}{y}\right)$
$u=x^n$	$\pm(nx^{n-1}\|dx\|)$	$\pm\left(n\frac{\|dx\|}{x}\right)$
$u=\ln x$	$\pm\left(\frac{\|dx\|}{x}\right)$	$\pm\left(\frac{\|dx\|}{x\ln x}\right)$

（2）标准误差的传递

将式(1-4-13)代入到标准误差的计算公式(1-4-5)或式(1-4-6)，考虑到变量x和y的独立性，得到

$$\sigma_u=\sqrt{\left(\frac{\partial u}{\partial x}\right)^2\sigma_x^2+\left(\frac{\partial u}{\partial y}\right)^2\sigma_y^2} \tag{1-4-16}$$

式中σ_u表示间接测量的物理量u的标准误差，σ_x和σ_y分别表示变量x和y的标准误差。部分常用函数标准误差的误差传递公式列于表1-4-4。

表1-4-4　常用函数标准误差和相对标准误差的传递公式

函数	标准误差	相对标准误差
$u=x\pm y$	$\pm\sqrt{\sigma_x^2+\sigma_y^2}$	$\pm\frac{\sqrt{\sigma_x^2+\sigma_y^2}}{\|x\pm y\|}$
$u=xy$	$\pm\sqrt{y^2\sigma_x^2+x^2\sigma_y^2}$	$\pm\sqrt{\frac{\sigma_x^2}{x^2}+\frac{\sigma_y^2}{y^2}}$
$u=\frac{x}{y}$	$\pm\sqrt{\frac{\sigma_x^2}{y^2}+\frac{x^2\sigma_y^2}{y^4}}$	$\pm\sqrt{\frac{\sigma_x^2}{x^2}+\frac{\sigma_y^2}{y^2}}$
$u=x^n$	$\pm nx^{n-1}\sigma_x$	$\pm\frac{n\sigma_x}{x}$
$u=\ln x$	$\pm\frac{\sigma_x}{x}$	$\pm\frac{\sigma_x}{x\ln x}$

例如，在化学反应动力学中的二级反应的速率常数由下式表示

$$k=\frac{1}{t(a-b)}\ln\frac{b(a-x)}{a(b-x)}$$

式中，k 为反应速率常数；a，b 为反应物的初始浓度；x 为反应时间为 t 时的生成物浓度。则速率常数 k 的相对误差用下式计算

$$\frac{\Delta k}{k}=\pm\left[\frac{|\Delta t|}{t}+\frac{|\Delta a|+|\Delta b|}{a-b}+\frac{|\Delta a|+|\Delta x|}{(a-x)\ln(a-x)}+\frac{|\Delta b|+|\Delta x|}{(b-x)\ln(b-x)}+\frac{|\Delta a|}{a\ln a}+\frac{|\Delta b|}{b\ln b}\right]$$

式中，Δk 、Δt 、Δa 、Δb 和 Δx 分别表示 k、t、a、b 和 x 的实验测量误差。

1.4.4 有效数字的处理

记录和处理测量的结果时涉及有效数字的表示和运算，下面分别介绍一些简单的规则。

（1）有效数字的表示

① 误差（平均误差或标准误差）一般只有一位有效数字，至多不超过两位。

② 任何一个物理量的数据，其有效数字的最后一位，在位数上应与误差的最后一位对齐，例如记录 1.23±0.01 是正确的，但 1.234±0.01 则夸大了结果的精确度，1.2±0.01 则没有准确反映测量结果的精确度。

③ 为了明确地表明有效数字，一般采用科学计数法来记录实验数据。例如对如下四个记录

0.123，　0.0123，　123，　1230

正确的记录应为

1.23×10^{-1}，　1.23×10^{-2}，　1.23×10^{2}，　1.23×10^{3}

它们都是 3 位有效数字。

（2）有效数字的运算规则

① 在舍弃有效数字后的数字时，应采用四舍五入的原则。当数值的首位等于或大于 8 时，该数据可多算一位有效数字，如 8.76 在运算时可看成 4 位有效数字去处理。

② 在加减运算时，将各位数值列齐，保留小数点后的数字位数与位数最少的相同。

$$\begin{array}{r}1.12\\ +)13.136\\ \hline 14.256\end{array}\quad \text{应写为}\quad \begin{array}{r}1.12\\ +)13.14\\ \hline 14.26\end{array}$$

③ 在乘除法运算中，保留各数据的有效数字不大于其中有效数字最低者。例如算式

$$1.578\times0.0182/81$$

其中 81 的有效数字最低，但由于首位是 8，故可以看成三位有效数字，其余各数都可保留三位有效数字，这时上式变为

$$1.58\times0.0182/81=3.55\times10^{-4}$$

最后结果也保留三位有效数字。

在复杂的运算未达到最后结果的中间各步，其数值可保留有效数字较规则多一位，以免多次四舍五入造成误差的积累，但最后结果仍保留应有的有效数字。

④ 在整理最后结果时，表示误差的有效数字最多用两位，而当误差第一位数为 8 以上

时，只需保留一位。例如对如下数据

$$x_1 = 128.345 \pm 0.117, \quad x_2 = 123961 \pm 798$$

正确地表述应为

$$x_1 = 128.345 \pm 0.12, \quad x_2 = (1.240 \pm 0.008) \times 10^5$$

1.5　物理化学实验中的数据处理

数据是表达实验结果的重要方式之一。因此，要求实验者将测量的数据正确地记录下来，加以整理、归纳、处理，并正确表达实验结果所获得的规律。实验数据的处理方法主要有三种：列表法、作图法和方程式拟合。现分述其应用及表达时应注意的事项。

1.5.1　列表法

做完实验后，将所获得的大量数据用表格形式表达出来，以便从表格上迅速而清楚地看出各数据之间的关系。例如，液体蒸气压与温度的关系表，盐类溶解度与温度关系表等。另外，将数据尽可能整齐地、有规律地列表表达出来，使得全部数据能一目了然，便于处理、运算，容易检查而减少差错。列表时应注意以下几点：

① 每一个表开头都应写出表的序号及表的名称。

② 在表的每一行或每一列的第一栏，要详细地写出名称和单位，如 p(压力)/Pa。

③ 在表中的数据应化为最简单的形式表示，公共的乘方因子应在栏头加以注明。

④ 记录数据应注意有效数字，在每一列中数字排列整齐，位数和小数点要对齐。

1.5.2　作图法

用作图来表示实验数据，能直观地表现出测量各数据间的相互关系，如极大、极小、转折点、周期性和数量的变化速率等重要性质，同时也便于数据的分析和比较，还为进一步求得函数的数学表达式提供参考，有时还可用图解外推法，以求得实验难以获得的数值。作图方法的要点简述如下：

① 每个图应有序号和简明的图名。

② 每个坐标轴应注明相对应的物理量及单位。

③ 图中不同类型的数据点应分别用不同的符号表示，如△，·，◇，○，■，□，▲等。

④ 图中有两条或两条以上的曲线时，应采用不同的曲线表示，如用实线和虚线等加以区分。

⑤ 作直线或曲线时，应使直线或曲线尽可能多地通过数据点。即使有一部分点不在直线或曲线上，也应该尽量让其对称地分布于直线或曲线的两边。

⑥ 镜像法作曲线的切线。

如图 1-5-1 (a) 所示，若在曲线上的指定点 A 处作切线，先应作过该点的法线。方法是取一平而薄的镜子，过点 A 垂直于曲线所在的纸面，如图 1-5-1 (b) 所示，图中虚线为曲线段在镜子中的影像。绕 A 转动镜面，当镜外的曲线段（实线）与镜中的曲线段（虚线）连成一条光滑的曲线时，镜面和纸面的交线 AB 即为过 A 点的曲线的法线，如图 1-5-1 (c) 所示。过 A 点垂直于法线的直线就是要作的切线。

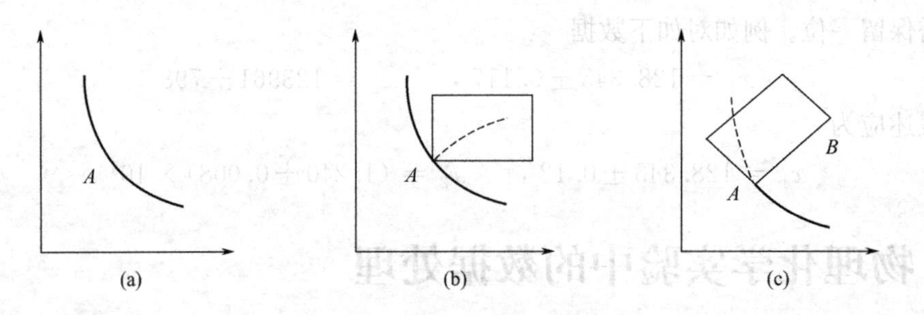

图 1-5-1　镜像法作切线示意图

1.5.3　方程式拟合

（1）作图

在直角坐标纸上，采用目测的方法对实验数据作图得一直线。设直线在 y 轴上的截距为 b，直线与 x 轴的夹角为 θ。记直线的斜率为 a，则 $a=\tan\theta$。于是，直线的方程为

$$y = b + ax \tag{1-5-1}$$

另外，从直线上任取两点 (x_1, y_1) 和 (x_2, y_2)，也可得到直线的方程式。它的具体形式为

$$y = \frac{x_2 y_1 - x_1 y_2}{x_2 - x_1} + \frac{y_2 - y_1}{x_2 - x_1} x \tag{1-5-2}$$

（2）最小二乘法

假设通过实验测量，得到了 n 组数据，$\{x_i, y_i\}$，$i = 1, 2, \cdots, n$。通过作图或其他的途径，知道 y 和 x 可能存在直线关系，如式(1-5-1)。这时我们就可以用直线来拟合这 n 组数据。记第 i 点的拟合误差为 Δ_i，则

$$\Delta_i = y_i - (b + a x_i)$$

将每点误差平方后相加，得到拟合的总误差 Δ 为

$$\Delta = \sum_{i=1}^{n} \Delta_i^2 = \sum_{i=1}^{n} [y_i - (b + a x_i)]^2 \tag{1-5-3}$$

对于任意一条直线，亦即对任意一对 a 和 b，通过式(1-5-3) 就可以算出拟合的总误差 Δ。拟合最好的直线，将使总误差 Δ 最小。这就是最小二乘法原理。这样，拟合问题就归结为求总误差 Δ 的极小值问题。如果总误差 Δ 的极小值存在，则 Δ 对 a 和 b 的偏导数必为零，即

$$\begin{cases} \dfrac{\partial \Delta}{\partial a} = 2\sum\limits_{i=1}^{n} x_i (y_i - b - a x_i) = 0 \\ \dfrac{\partial \Delta}{\partial b} = 2\sum\limits_{i=1}^{n} (y_i - b - a x_i) = 0 \end{cases}$$

整理后，得到

$$\begin{cases} a\sum\limits_{i=1}^{n} x_i^2 + b\sum\limits_{i=1}^{n} x_i = \sum\limits_{i=1}^{n} x_i y_i \\ a\sum\limits_{i=1}^{n} x_i + nb = \sum\limits_{i=1}^{n} y_i \end{cases} \tag{1-5-4}$$

联立求解方程组式(1-5-4)，得到 a 和 b 的具体形式为

$$a=\frac{n\sum_{i=1}^{n}x_iy_i-\sum_{i=1}^{n}x_i\sum_{i=1}^{n}y_i}{n\sum_{i=1}^{n}x_i^2-\left(\sum_{i=1}^{n}x_i\right)^2},\quad b=\frac{\sum_{i=1}^{n}y_i-a\sum_{i=1}^{n}x_i}{n} \tag{1-5-5}$$

为了判断拟合结果的好坏，需要知道拟合的相关系数 R 和标准偏差 σ。它们的计算公式如下

$$R=\frac{n\sum_{i=1}^{n}x_iy_i-\sum_{i=1}^{n}x_i\sum_{i=1}^{n}y_i}{\sqrt{n\sum_{i=1}^{n}x_i^2-\left(\sum_{i=1}^{n}x_i\right)^2}\sqrt{n\sum_{i=1}^{n}y_i^2-\left(\sum_{i=1}^{n}y_i\right)^2}} \tag{1-5-6}$$

和

$$\sigma=\sqrt{\frac{\sum_{i=1}^{n}[y_i-(b+ax_i)]^2}{n-2}} \tag{1-5-7}$$

相关系数 R 越接近 1，说明 y 和 x 之间越接近直线关系。标准偏差 σ 越小，说明拟合的结果越精确。上述拟合方法还可推广到多个变量的情形。

如果待拟合的函数是参数的非线性函数，例如

$$y=c_1+c_2\mathrm{e}^{-\beta_i x} \tag{1-5-8}$$

其中 c_1、c_2 和 β 为待拟合参数，则上述的线性拟合方法就不能用。这时，原则上可以采用非线性的拟合方法。但是，目前非线性拟合方法还不成熟，常常得不到满意的结果。针对这种情况，可以采用将待拟合函数线性化的办法。下面以式(1-5-8) 为例加以介绍。假设通过实验观察或其他的途径，得知非线性参数 β 的值可能在某一区间 $[a,b]$ 内，则可将区间 $[a,b]$ 分成 m 等份，得到 $m+1$ 个试探值 β

$$\beta=a,a+\frac{b-a}{m},a+\frac{2(b-a)}{m},a+\frac{3(b-a)}{m},\cdots,b$$

记 $\beta_i=a+\frac{i(b-a)}{m}$（$i=0,1,2,\cdots,m$），将 β_i 代入到式(1-5-8) 中，得到

$$y=c_1+c_2\mathrm{e}^{-\beta_i x} \tag{1-5-9}$$

式(1-5-9) 是一个关于参数 c_1 和 c_2 的线性方程。这样，就可以采用线性拟合的方法来进行拟合，并求出相应的拟合系数 R_i 和标准偏差 σ_i。比较这 $m+1$ 对 R_i 和 σ_i，就可以找出最佳的试探值 β 来。不妨将其记为 β_j。它对应的 R_j 最接近于 1，σ_j 最接近于零。尽管如此，β_j 还不一定完全令人满意。这时，可以再在 β_j 附近的某一个小区间内继续寻找。设该区间为 $[a_j,b_j]$，β_j 属于该区间。新的区间 $[a_j,b_j]$ 当然比 $[a,b]$ 小。这时，重复上述步骤，直到找到满意的试探值 β 为止，当然优化后的 c_1 和 c_2 值也同时确定了。

上述方法虽然看起来烦琐，但在个人计算机如此普及的今天，利用计算机是非常容易实现的。该方法是一维搜索和线性最小二乘法的有机结合，它可以直接地推广到多维搜索的情形。

参考文献

[1] 武汉大学主编．分析化学（上册）．第 5 版．北京：高等教育出版社，2006.

[2] 陈家鼎，郑忠国．概率与统计．北京：北京大学出版社，2007.

[3] 武汉大学化学和分子科学实验中心编．物理化学实验．武汉：武汉大学出版社，2004.

[4] 清华大学化学系物理化学实验编写组．物理化学实验．第 3 版．北京：清华大学出版社，1991.

[5] 张常群，鄢红，郭广生，吕志．计算化学．北京：高等教育出版社，2006.

[6] 物理化学实验编写组．北京科技大学物理化学实验讲义．第 4 版．北京：北京科技大学印刷厂，2010.

第2章 实验部分

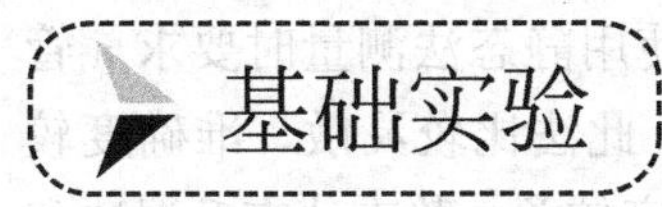

实验1 液体饱和蒸气压的测定

1. 实验目的

(1) 明确液体饱和蒸气压的定义和汽-液两相平衡的概念，了解纯液体饱和蒸气压与温度之间的关系。

(2) 测定纯液体在不同温度下的饱和蒸气压，并计算出正常沸点、在实验温度范围内的平均摩尔气化热。

(3) 掌握饱和蒸气压测定的原理和操作方法。

(4) 了解真空体系的设计、安装和操作的基本方法。

2. 实验原理

在一定温度下，纯液体与其自身的蒸气达成平衡时的压力，称为该温度下液体的饱和蒸气压。当液体的饱和蒸气压与外压相等时，液体就会沸腾，此时的温度就称为该外压下液体的沸腾温度，也称为沸点。外压改变后，液体沸点将相应改变。当外压为101325Pa时液体的沸腾温度称为液体的正常沸点。

液体的饱和蒸气压随温度的变化而变化。温度对饱和蒸气压的影响一般可以用克劳修斯-克拉贝龙（Clausius-Clapeyron）方程表示

$$\frac{\mathrm{d}\ln p}{\mathrm{d}T}=\frac{\Delta_{\mathrm{vap}}H_{\mathrm{m}}}{RT^2} \tag{2-1-1}$$

此式引入了两个合理的假设：一是液体的摩尔体积与其蒸气的摩尔体积相比很小，可忽略不计；二是蒸气服从理想气体状态方程。式中 p 为温度 T（K）时液体的饱和蒸气压；$\Delta_{\mathrm{vap}}H_{\mathrm{m}}$ 是纯液体的摩尔气化热，即1mol液体蒸发成气体所吸收的热量，其与温度有关。但若温度变化的区间不大，$\Delta_{\mathrm{vap}}H_{\mathrm{m}}$ 可以近似视为常数，即为该温度范围内的平均摩尔气化热，此时将式(2-1-1)积分得

$$\ln p=-\frac{\Delta_{\mathrm{vap}}H_{\mathrm{m}}}{RT}+C \tag{2-1-2}$$

或写成

$$\ln p=\frac{A}{T}+C \tag{2-1-3}$$

式中 C 为积分常数。

根据式(2-1-3)，在一定的温度范围内，测量各温度下的饱和蒸气压 p，以 $\ln p$ 对 $1/T$ 作图，可得一直线，此直线的斜率为 $A=-\Delta_{\mathrm{vap}}H_{\mathrm{m}}/R$，由此可求出纯液体的平均摩尔气化

热 $\Delta_{vap}H_m$ 。

测定液体饱和蒸气压的方法主要有以下三种：

（1）静态法。将被测液体置于一密闭体系中，在不同的温度下测量液体的饱和蒸气压，也就是测量液体的蒸气压随温度变化而变化。具体方法是：将被测液体封闭在平衡管里，如图 2-1-1 所示。被测液体被封在 a 管中，在一定温度下调节外压，即 c 管上方压力，使 b、c 两管液面相平，进而获得该温度下液体的蒸气压。使用静态法测量时要求 a 管上方无杂质气体，适用于具有较大蒸气压的液体。一般情况下，此法比较灵敏，准确度较高，但在测量高温下液体的蒸气压时，由于温度难以控制而准确度较差。静态法有升温法和降温法两种。

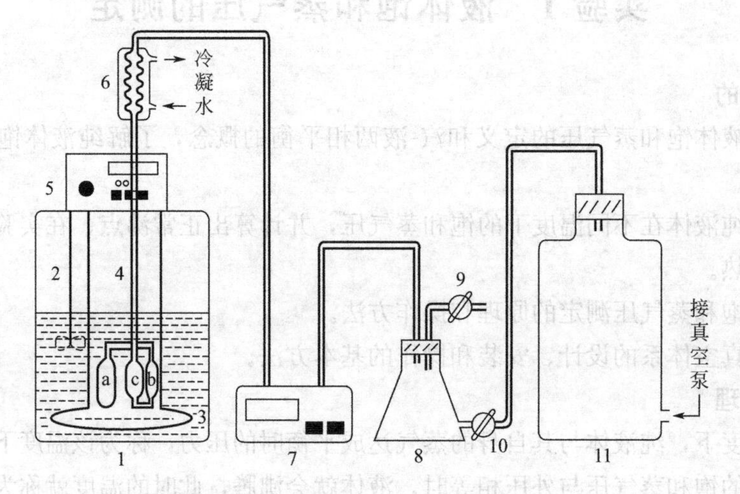

图 2-1-1　纯液体饱和蒸气压测定装置示意图

1—恒温水浴；2—搅拌棒；3—不锈钢加热器；4—平衡管；5—控温仪；6—冷凝管；7—数字式低真空测压仪；8—缓冲瓶；9—进气阀；10—抽气阀；11—负压瓶

（2）动态法。在不同的外界压力下，测量液体的沸点。也就是测量液体的沸点随施加的外压变化而变化。原理是：当液体的饱和蒸气压等于外压时，液体会沸腾，此时的温度就是该液体的沸点。具体方法是：调节液体上方的压力，且用一个大容器的缓冲瓶维持一个压力给定值，使用压力计测量压力值，然后加热液体使其沸腾，稳定时测量液体的温度，即该压力下的沸点。该法不要求严格控制温度，适宜测定沸点较低的液体蒸气压。

（3）饱和气流法。在某一固定温度和压力下，用一定体积的干燥空气或者惰性气体缓慢地通过被测液体，使气流被液体的蒸气饱和。分析气体中各个组分的数量和总压，根据道尔顿分压定律求出待测液体的蒸气分压，即为该温度下被测液体的饱和蒸气压。该法适用于蒸气压较小的液体，也可测量易挥发固体例如碘的饱和蒸气压。该法的缺点是不容易达到真正的饱和状态，致使饱和蒸气压实测值偏低。因此常用该法测量溶液蒸气压的相对下降。

本实验采用静态法中的升温法测定不同温度下无水乙醇的饱和蒸气压，实验装置见图 2-1-1。平衡管（也称等压计、等位计）是静态法所使用的重要仪器之一，它由三根相连通的 a、b、c 玻璃管组成。a 管中储存被测液体，b、c 管底部相连通，两管中的液体可视为 a 管中的液体经蒸发后冷凝而成，也是纯的待测液体。b、c 管之间的液体将 a、b 管间的气体与空气相隔开，当 a、b 管之间完全是被待测液体的蒸气，且 b、c 管中的液面在同一水平时，则表示在b管液面上的蒸气压与加在c管液面上的外压相等。此时迅速读取低真空测压仪上的压差值和液体的温度。此温度为体系汽-液两相平衡的温度，即该外压下液体的沸点。低真空测压仪上的压差是c管液面上的压力与大气压的差值，由此可算出该温度下的汽-液两相平衡的压力，亦即该温度下液体的饱和蒸气压。

3. 仪器装置与试剂

恒温水浴（包括圆形玻璃缸、智能化控温单元、电动无级调速搅拌机、不锈钢加热器）1套；数字式低真空测压仪1套；平衡管1个；负压瓶1个；缓冲瓶1个；真空泵（共用）1个。

试剂：无水乙醇（分析纯）。

4. 实验步骤

（1）装样。此步骤实验室已完成，同学一般不做。

向洗净、烘干的平衡管内倒入适量试剂，顺一定方向反复转动平衡管，使试剂装入a管。a管约存放2/3的液体。将已装有试剂的平衡管按图2-1-1所示安装，各个接头处用真空管连接，然后用密封脂封好。

（2）置零。打开测压仪电源开关，预热1～2min。在旋开进气阀9通大气并关闭抽气阀10的条件下，即在测压仪系统接入大气时，面板显示值为当前大气压，记下此数值留待数据处理时使用。然后按下“置零”键，使面板显示值为“0000”，仪器以当前测出的气压为基准进行压差测量。注意实验过程中不可重新置零。

（3）检漏。关闭进气阀9，打开抽气阀10，插上电源插头开动真空泵。要注意在整个实验中，进气阀9和抽气阀10不能同时打开，而且旋动任何阀门都要双手配合进行操作。系统压力降低，当测压仪上显示压差为50kPa左右时，关闭抽气阀10。注意观察测压仪上的显示值，若2min内数值没有明显变化，即变化不超过0.1kPa/min，则表示系统不漏气。若显示值逐渐变小，说明系统漏气，应逐段检查，仔细检查各接口处，并报告指导老师。系统不漏气后才可继续进行实验。

（4）升温、排空气。接通冷凝水，关闭进气阀9，打开抽气阀10继续抽气直至测压仪上显示压差约为60～67kPa。在抽气的同时也可以进行升温。打开智能化控温仪的后面板上开关，调节搅拌速度和升温。旋动控温仪前面板上的“搅拌调速”旋钮，调节搅拌器匀速搅拌。然后设置目标温度为50℃并开始加热。

开始加热后，随着温度的升高，b管液面降低，c管液面升高，直至气泡从c管逸出。此步骤有两个作用，一是升温，二是排除a管液面上的空气，以便保证a、b管液面上的压力没有空气的分压，都是纯无水乙醇的饱和蒸气压。为此，借助于升温过程中对系统的连续抽气，使得a管的液体沸腾，其蒸气夹带着空气不断自c管冒出。b、c管下部的液体增多可形成液封。c管气体逸出3～5min左右，可以认为a、b管之间的空气基本排净时，残留的空气分压已经降到实验误差以下。

切记，若c管径内有约1cm高的液体，即a、b管下部已经有足够的液体，便于观察b、c两管液面相平时，应该将抽气阀10关闭。

（5）测定50℃下乙醇的饱和蒸气压。待空气被排除干净，c管径内有约1cm高的液体，且控温仪液晶屏显示“当前温度”达到50℃时，“加热指示”绿灯熄灭，旋开进气阀9缓缓放入空气（注意切勿开得太大、太快）。当观察到c管的液体具有流向b管的趋势时，立即快速关闭进气阀9。等待数十秒钟，当b、c两管的液面相平时，立即同时读取控温仪上的

“当前温度”值和测压仪上的压差值并记录。

如果放入空气过多，c管中液面低于b管的液面，则需打开抽气阀10抽气，然后再调两管液面至相平。注意当打开抽气阀10时，要求半开抽气阀10，且一开即闭。当看到b管的液体有回流的趋势时，立即关闭抽气阀10。

(6) 测量其他温度下的饱和蒸气压。为了避免液体流回a管，在读完温度和压差后，迅速打开抽气阀10，会立刻看到被测液体呈沸腾状态，此时立即关闭抽气阀10。此步骤也可以用下面的升温步骤代替：即迅速调节控温仪上的目标温度到下一个测量温度并使之开始加热。这样可有一举两得的效果。

在升温过程中，必须随时调节进气阀9缓缓放入少量空气以避免过度沸腾。因为液体的饱和蒸气压随温度升高而增大，液体会不断沸腾。调节进气阀9放入少量空气，可使c管液面上方的压力与饱和蒸气压基本相等，保持c管气泡一个一个地缓慢逸出。若液体剧烈沸腾，一定要打开进气阀9，通少量空气于c管上方，待c管中气泡速度减慢时（1～2个气泡/s），立即关闭进气阀9。但调节进气阀9时，必须细心操作，以防进气速度过快致使空气倒灌入b管中。

当待测液体温度恒定后，再次调节进气阀9放入空气以增大c管上方的压力，使b、c管液面平齐，记录温度和压差。测定方法与步骤（5）相同。

本实验测定的实验温度大约是50℃、55℃、60℃、63℃、65℃、68℃、70℃、73℃。依此测定，至少测8个数据点。注意实验过程中切勿向缸中加冷水使水浴降温。

(7) 测量当前大气压下的沸腾温度。设置温度为81.0℃并加热。在加热过程中，不断调节进气阀9缓缓加入空气，避免液体过度沸腾。最后完全打开进气阀，至低真空测压仪显示为0kPa。在目标温度下排净a管和b管之间的空气后，停止加热，让体系随环境自行冷却。

此时仔细观察b管和c管的液面高度。当c管液面回落至与b管液面相平时，立即读取当前温度和压差。

注意此步实验若发生空气倒灌，应升温排空气，切勿打开抽气阀10！

(8) 结束。实验完毕，停止加热，关闭控温仪和低真空测压仪。待最后一组实验完毕后，再关闭真空泵和冷却水。

5. 注意事项和说明

(1) 旋动控温仪上的“搅拌调速”旋钮时，注意速度不要太快，以免水浴中的热水溅出伤人或平衡管断裂。

(2) 控温仪操作设置温度的方法。例如设置目标温度为50℃并开始加热，首先按“设置”键，此时液晶屏“目标温度”有光标闪烁；再按“移位/加热”键，将光标移动到所需设定的“目标温度”位置，然后按下“增加/停止”键。每按一次，“目标温度”光标处的数值增加一，多次按此键直至“目标温度”显示为50.0℃。设置好“目标温度”后，按下“设置”键，光标消失，最后按下“移位/加热”键，使加热器开始工作，“加热运行”红灯和“加热指示”绿灯都亮。当液晶屏上“目标温度”小于“当前温度”值时，“加热运行”红灯亮，“加热指示”绿灯灭，水浴温度稳定。

(3) 旋开进气阀9放入空气时，切勿开得太大，以免液体被压回a管，空气倒灌。若发生空气倒灌，则需重新抽气。

（4）高于 55℃后，只要有足够的液体就尽量不要再开抽气阀 10，若必须开，则要求半开抽气阀 10，且一开即闭。

（5）实验过程中要避免液体剧烈沸腾。因为剧烈沸腾时，管内液体快速蒸发，大量的无水乙醇气体会穿过冷凝管，进入橡胶管并与其作用，随着温度的降低又带着杂质冷凝回到平衡管中，导致无水乙醇变为黄色，液体不纯，影响测量结果，平衡管也可能会报废；另外若穿过冷凝管的无水乙醇气体到达低真空测压仪处，则会损坏测压仪。

6. 数据处理和结果

（1）记录实验条件和实验数据，如表 2-1-1 所示。

表 2-1-1　不同温度下无水乙醇饱和蒸气压的测定数据

被测液体________室温________℃　大气压________kPa

温度			测压仪上的压差	饱和蒸气压	$\ln p$
t/℃	T/K	T^{-1}/K	Δp/kPa	p/kPa	

（2）由以上数据做出蒸气压 p 对温度 T 的曲线。

（3）作 $\ln p$-$1/T$ 的直线关系图。求直线斜率，计算无水乙醇的平均摩尔气化热，列出 $\ln p$ 与 $1/T$ 的数学关系式［公式（2-1-3）的形式］。

（4）求出无水乙醇当前大气压下的沸点和正常沸点。

（5）参考相关文献，计算平均摩尔气化热和正常沸点的误差，并讨论误差来源。

7. 思考题

（1）升温过程中若液体剧烈沸腾，应如何处理？怎样防止空气倒灌？

（2）为什么 a、b 管中的空气要排干净？怎样操作？

（3）所用的每个测量仪器的精度是多少？试推导最后得到的气化热应该有几位有效数字。

（4）本实验方法能否用于测定溶液的蒸气压？为什么？

参考文献

［1］傅献彩，沈文霞等．物理化学上册．第 5 版．北京：高等教育出版社，2005.
［2］何广平，南俊民，孙艳辉等．物理化学实验．北京：化学工业出版社，2008.
［3］张春晖，赵谦等．物理化学实验．南京：南京大学出版社，2003.
［4］物理化学实验编写组．北京科技大学物理化学实验讲义．第 4 版．北京：北京科技大学印刷厂，2010.

实验 2　碳与二氧化碳反应平衡常数的测定

1. 实验目的

（1）了解高温气化反应平衡常数的测定方法。

（2）加深对反应平衡状态的理解。

（3）了解影响反应平衡的各种因素，特别是温度对反应平衡的影响。基于不同温度下平衡常数的数据，计算此气化反应的有关热力学函数。

（4）学会控温仪的使用方法和恒温控制实验技术。

2. 实验原理

在工业生产中，特别是在冶金生产中燃烧反应是重要的化学反应之一。

$$C+O_2 \xlongequal{} CO_2 \qquad \Delta H_m=-393.5kJ/mol$$

$$C+CO_2 \xlongequal{} 2CO \qquad \Delta H_m=172.5kJ/mol$$

以上是碳的两个燃烧反应。第一个反应可提供大量热量；第二个反应可提供气体燃料和气态还原剂，是高炉中重要的反应之一，被称为碳的气化反应。

在一定温度和压力下，第二个反应达到平衡后平衡常数 $K^\ominus$ 表示如下

$$K^\ominus=\frac{p_{CO}^2}{p_{CO_2}p^\ominus}=\frac{[CO\text{ 含量 }/\%]^2 p}{[CO_2\text{ 含量 }/\%]p^\ominus} \tag{2-2-1}$$

式中，p 是总压；$p^\ominus$ 是标准压力。

本实验是在与外界大气压几乎相等的条件下进行的，其中外压（p_{ex}）可由气压计读出，公式如下

$$p_{CO_2}+p_{CO}=p_{ex} \tag{2-2-2}$$

利用干燥的 CO_2，在恒压、恒温下，缓慢地通过 C 层使反应达到平衡。利用气体分析器，分析反应达到平衡后的气相组成，便可得到该温度下的 CO 含量/%与 CO_2 含量/%，并利用上式计算 $K^\ominus$。

温度对平衡常数的影响由化学反应等压式表示

$$\frac{d\ln K^\ominus}{dT}=\frac{\Delta_r H_m^\ominus}{RT^2} \tag{2-2-3}$$

式中，$\Delta_r H_m^\ominus$ 为反应的标准摩尔焓变。由于压力对焓变影响不大，故常以 $\Delta_r H_m$ 代替 $\Delta_r H_m^\ominus$。

若在实验温度范围内，$\Delta_r H_m^\ominus$ 可以近似地看作常数，则对式（2-2-3）积分可得

$$\ln K^\ominus=-\frac{\Delta_r H_m^\ominus}{RT}+C \tag{2-2-4}$$

根据上式，利用实验所得的不同温度下的平衡常数 $K^\ominus$，绘制 $\ln K^\ominus$-$\frac{1}{T}$ 曲线，由直线斜率即可求得该反应的反应热 $\Delta_r H_m^\ominus$。

根据 $\Delta_r G_m^\ominus=-RT\ln K^\ominus$，可求得给定温度下反应的标准摩尔吉布斯自由能变 $\Delta_r G_m^\ominus$。已知 $\Delta_r H_m^\ominus$ 和 $\Delta_r G_m^\ominus$，就可根据 $\Delta_r G_m^\ominus=\Delta_r H_m^\ominus-T\Delta_r S_m^\ominus$ 求得给定温度下反应的标准熵变 $T\Delta_r S_m^\ominus$。

3. 仪器装置与试剂

实验装置如图 2-2-1 所示。

储气罐 1 排出 CO_2 气体流经无水氯化钙干燥塔 2、保险球 3、浓硫酸干燥瓶 4、控制流速微调旋钮 5，进入加热到一定温度的瓷管 7，反应平衡后的气体进入气体分析器。电炉 6

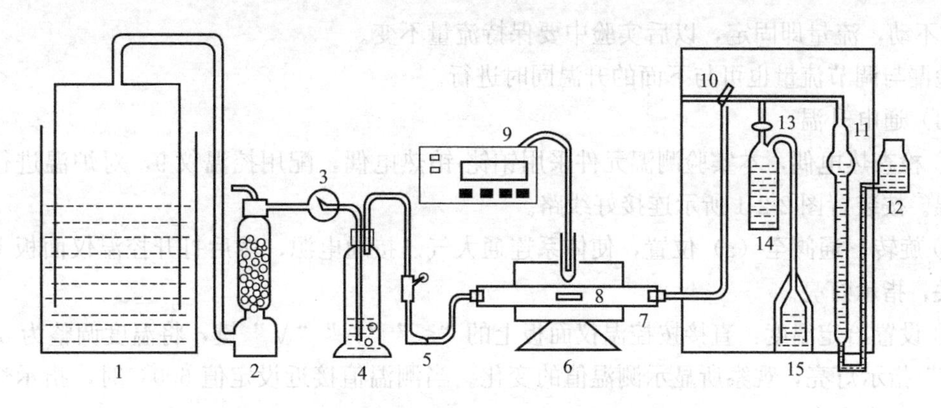

图 2-2-1 碳的气化反应实验装置

1—储气罐；2—无水氯化钙干燥塔；3—保险球；4—浓硫酸干燥瓶；
5—流速微调旋钮；6—电炉；7—瓷管；8—铁夹子；9—控温仪；10—三通阀；
11—集气管（量气管）；12—水准瓶；13—二通阀；14—气体吸收瓶；15—水封瓶

的炉温由控温仪 9 进行控制。平衡气体经三通阀 10 进入集气管（即量气管）11。水准瓶 12 内装指示液。气体吸收瓶 14 内装浓氢氧化钾，用于吸收二氧化碳气体吸收瓶 14 的水封瓶 15 内装蒸馏水，用于防止氢氧化钾吸收空气中的二氧化碳（$2KOH+CO_2 = K_2CO_3+H_2O$）。

用品：炭粒、铁夹、玻璃棒。

4. 实验步骤

（1）装样品。按图 2-2-1 所示装置装好仪器设备，将炭粒用铁夹子装满，放置于瓷管 7 的中间位置，然后把瓷管放置于电炉 6 的中间位置（电炉同温带）。

（2）检漏。三通阀 10 的常用位置有三种，见图 2-2-2。

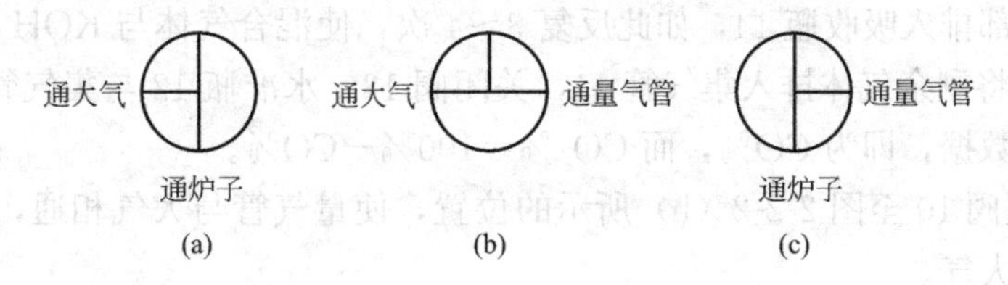

图 2-2-2 三通阀 10 的位置示意图

分段检查装置是否漏气。首先扭通无水氯化钙干燥塔 2，转动阀 10 至图 2-2-2（a）所示的位置，即使炉管与大气相通，而封闭量气管。然后旋开微调旋钮 5，观察干燥瓶 4，如有气泡冒出，关闭阀 10，再观察干燥瓶 4，若有气泡冒出说明阀 10 之前有漏气的地方，此时可逐段用手捏紧橡皮管，并观察干燥瓶 4 有无气泡冒出，找到漏气地方处理好。如没有气泡冒出，表示阀 10 之前不漏气。体系不漏气后开始下面的实验。

（3）调节流量。转动阀 10 至图 2-2-2（b）所示的位置，使量气管与大气相通，并封闭炉管。抬高水准瓶 12，使量气管 11 中的空气排尽。转动阀 10 至图 2-2-2（c）所示的位置，使量气管与炉管相通，而与大气不相通。放下水准瓶。调节微调旋钮 5，观察硫酸干燥瓶 4 内的气泡情况，看见气泡一个接一个地冒出时，抬高水准瓶 12，使其液面与量气管 11 的液面对齐，准备好计时器，开始计时。控制水准瓶与量气管中的液面对齐并一起缓慢下降，1min 时观察量气管中的气体的体积，若大于 $40cm^3$ 要关小微调旋钮 5；小于 $30cm^3$ 时要开大微调旋钮 5。重复上面的操作，直至流量在 $30\sim40cm^3/min$ 之间。调好流量后，微调旋钮

5 固定不动，流量即固定，以后实验中要保持流量不变。

检漏与调节流量也可与下面的升温同时进行。

（4）通电升温。

① 检查热电偶，本实验测温元件采用铂铑-铂热电偶，配用控温仪 9，对炉温进行测温和控温。按装置图 2-2-1 所示连接好线路。

② 旋转三通阀至（a）位置，使体系连通大气。接通电源，然后打开控温仪面板上的电源开关，指示灯亮。

③ 设置给定温度：直接按控温仪面板上的"<""∧""∨"键，将温度调整为 600℃，"OUT"指示灯亮，观察所显示测温值的变化。当测温值接近设定值 600℃时，指示灯开始闪烁，然后保持恒温 5min。

在升温过程中要练习气体分析器的使用，见实验步骤（5）。

（5）取气分析 CO 含量/%。

① 清洗气体分析器：使三通阀 10 处于图 2-2-2 中的（b）所示的位置，抬高水准瓶 12，把指示液压至量气管 11 的顶端位置，可将量气管 11 中的气体排至大气中。然后降低水准瓶 12，使量气管充满大气。此步骤重复操作两次。

② 取样分析反应达到平衡时气体中的 CO、CO_2 含量：紧接着操作实验步骤①，抬高水准瓶 12，使其液面与量气管 11 顶端的"0"刻度线对齐，将阀 10 转至图 2-2-2（c）所示的位置，控制水准瓶与量气管中液面，使其位于同一高度并一起下降取气，观察量气管 11 中气体的体积，当接近 100cm^3 时，把阀 10 转到与大气相通的图 2-2-2（a）所示的位置，然后准确读取数据，即为取样体积。把水准瓶 12 与量气管 11 中的气体全部排入二氧化碳气体吸收瓶 14 后，再缓慢降低水准瓶 12，使剩余气体全部回到量气管 11，然后缓慢抬高水准瓶 12，使气体再全部排入吸收瓶 14，如此反复 3～4 次，使混合气体与 KOH 溶液充分接触吸收其中的 CO_2。将剩余气体排入集气管 11，关闭阀 13。水准瓶 12 与集气管 11 两液面位于同一高度，读取数据，即为 CO%，而 CO_2%＝100%－CO%。

③ 转动三通阀 10 至图 2-2-2（b）所示的位置，使量气管与大气相通，抬高水准瓶 12，将剩余气体排出大气。

④ 同实验步骤②操作，在同温度下再次分析平衡气体中 CO 与 CO_2 的含量，结果取二者的平均值。

（6）温度控制。在 700℃、800℃、900℃恒温 5min 后，同实验步骤（5），操作分析气相平衡成分。

（7）结束。实验完毕后，拔去瓷管两头的塞子。注意勿将瓷管从电炉中取出，以免高温的瓷管造成烫伤、并因急速降温炸裂而引起危险。

将气体分析器恢复原状，关闭气路和控温仪面板上的电源，并断电。

5. 数据处理和结果

（1）实验记录数据如表 2-2-1。

（2）列式计算各温度下的反应平衡常数 $K^{\ominus}$、$\ln K^{\ominus}$、$\frac{1}{T}$ 值，并将数据填入表内。

（3）绘制平衡气相中 CO 含量/%与温度 t 的关系曲线。

（4）绘制 $\ln K^{\ominus}$-$\frac{1}{T}$ 直线，由直线斜率求反应热 $\Delta_r H_m^{\ominus}$。

表 2-2-1　碳与二氧化碳反应平衡常数的测定实验数据记录和处理

室温：＿＿＿＿℃＿＿＿℃＿＿＿℃＿＿＿平均

大气压力：(1)＿＿＿＿，(2)＿＿＿＿，(3)＿＿＿＿，平均

实验温度 t/℃	次数	取样体积 /cm^3	分析结果		平均含量 CO/%	CO_2 含量/%	$K^\ominus$	$\ln K^\ominus$	$\frac{1}{T}$/K^{-1}
			V_{CO}/cm^3	CO 含量/%					

(5) 计算 600℃和 900℃时该反应的 $\Delta_r G_m^\ominus$ 和 $\Delta_r S_m^\ominus$ 。

(6) 讨论温度对反应平衡移动的影响。

6. 思考题

(1) 炭粒为什么要放置在炉子的同温带上？

(2) 改变压力对实验有何影响？收集气体时水准瓶的液面为什么要与量气管的液面相平？

(3) 实验要求控制一定的流量，流量过快、过慢有何影响？

(4) 热电偶测温原理是什么？为什么热电偶冷端温度保持恒定，如何保持恒定？

参考文献

[1] 傅献彩，沈文霞等．物理化学．第 5 版．北京：高等教育出版社，2005.

[2] 武汉大学化学与分子科学学院实验中心．物理化学实验．武汉：武汉大学出版社，2004.

[3] 陈斌．物理化学实验．北京：中国建材工业出版社，2004.

[4] 物理化学实验编写组．北京科技大学物理化学实验讲义．第 4 版．北京：北京科技大学印刷厂，2010.

实验 3　凝固点下降法测定不挥发溶质的相对分子质量及溶质、溶剂的活度

1. 实验目的

(1) 掌握溶液凝固点的测定技术。

(2) 用凝固点下降法测定蔗糖的相对分子质量以及溶液中组元的活度。

(3) 掌握电子温差测量仪的使用方法。

2. 实验原理

化合物的相对分子质量是重要的物理化学数据之一，用凝固点下降法测定化合物的相对分子质量，是一种简单而比较准确的方法。当溶液中析出的固体是纯溶剂时，溶液的凝固点总是低于纯溶剂的凝固点。根据稀溶液的依数性规律，凝固点的下降与溶质浓度成正比

$$T_0 - T = \Delta T = K_f m \tag{2-3-1}$$

式中，T_0 和 T 分别是纯溶剂和浓度为 m 的溶液的凝固点；K_f 是溶剂的摩尔凝固点下降常数，水的 $K_f=1.858\mathrm{K}\cdot\mathrm{kg/mol}$；$m$ 是溶液中溶质的质量摩尔浓度。

如果称取相对分子质量为 M 的溶质 W（g）与 W_0（g）的溶剂（水）配成一稀溶液，则此溶液的质量摩尔浓度为

$$m=\frac{W/M}{W_0}\times 1000 \tag{2-3-2}$$

将式(2-3-2) 代入式(2-3-1) 得

$$\Delta T=K_f\,\frac{1000W}{MW_0} \tag{2-3-3}$$

若已知溶剂的 K_f 值，则测定此溶液的凝固点下降值 ΔT 后，便可按下式计算溶质的相对分子质量

$$M=\frac{K_f}{\Delta T}\times\frac{1000W}{W_0} \tag{2-3-4}$$

以上公式只适用于非电解质溶质相对分子质量的测定。本实验通过测定水溶液的凝固点下降值来确定蔗糖的相对分子质量。

稀溶液中溶剂的浓度与纯溶剂、溶液的凝固点有如下关系

$$\ln x_1=\frac{\Delta H_1}{R}\left(\frac{1}{T_0}-\frac{1}{T}\right) \tag{2-3-5}$$

式中，x_1 是溶剂的摩尔分数；ΔH_1 是纯溶剂的摩尔熔化热；R 是摩尔气体常数。

如果溶液不服从稀溶液规律，可以引入活度代替原来的浓度，上式变为

$$\ln a_1=\frac{\Delta H_1}{R}\left(\frac{1}{T_0}-\frac{1}{T}\right) \tag{2-3-6}$$

式中，a_1 是溶剂的活度。因为 $T_0\approx T$，式(2-3-6) 亦可写作

$$\ln a_1=-\frac{\Delta H_1}{RT_0^2}(T_0-T) \tag{2-3-7}$$

按式(2-3-6) 或式(2-3-7) 可求出溶剂的活度。由 Gibbs-Duhem 方程出发，可以求出溶质的活度 a_2

$$\ln\frac{a_2}{m}=\frac{2(T_0-T)}{1.858m}-2 \tag{2-3-8}$$

纯溶剂的凝固点是它的液相和固相共存时的平衡温度。若将纯溶剂逐步冷却，其冷却曲线如图 2-3-1（1）所示。但实际过程中往往发生过冷现象，即液相要处在凝固点以下的温度才开始析出固体，一旦结晶出固相，温度便回升到稳定的平衡温度。待液体全部凝固后，温度再度逐渐下降，其冷却曲线如图 2-3-1（2）所示的形状。

溶液的凝固点是该溶液的液相与溶剂的固相共存时的平衡温度。若将溶液逐步冷却，其冷却曲线与纯溶剂的不同：当溶液中由于部分溶剂凝固而析出时，剩余溶液的浓度将逐渐增大，因而剩余溶液与溶剂固相的平衡温度也在逐步下降，其冷却曲线见图 2-3-1（3）；如有过冷现象存在，其曲线如图 2-3-1（4）实线所示。溶液过冷后结晶析出使温度回升，但严格而论，回升后的最高温度已不是原浓度溶液的凝固点了。溶液凝固点可取冷却曲线延长线交点的方法来得到，如图 2-3-1（4）中 p 点。如过冷太严重，容易影响测定结果，因此在测定过程中应控制适当的过冷度，一般可通过控制冷冻剂（实验用食盐冰浴）的温度、搅拌情况等方法来达到。

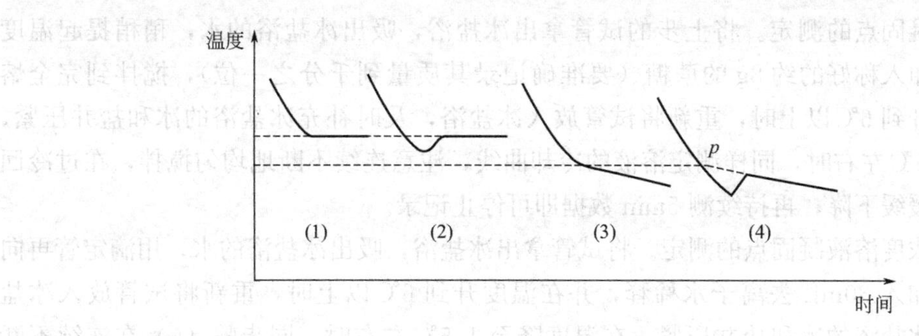

图 2-3-1　冷却曲线示意图

因为稀溶液的凝固点降低值不大，所以温度的测量需用较精密的仪器，本实验中采用电子温差测量仪。

3. 仪器装置与试剂

(1) 凝固点测定装置（干燥大试管、搅拌棒和冰盐浴）如图 2-3-2 所示；精密电子温差测量仪（精度 0.01℃）；50mL 滴定管；称量瓶；吸管。

(2) 蔗糖（分析纯），去离子水，粗盐。

(3) 分析天平；秒表。

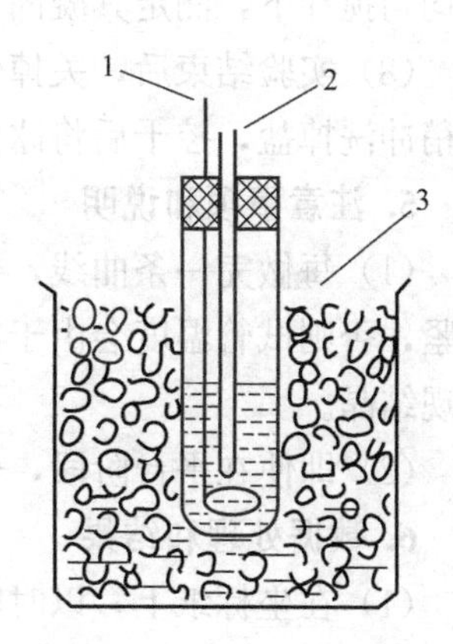

图 2-3-2　凝固点测定装置

1—搅拌棒；2—温差测量仪；3—冰盐浴

4. 实验步骤

(1) 将冰装入较大的塑料桶备用。

(2) 取一支干燥大试管，用滴定管向其中准确加入 40mL 去离子水，将温度计探头及搅拌棒插入试管，并调整好温度探头，使其垂直位于试管中轴，避免搅拌时搅拌棒与探头摩擦。

(3) 将安装好的大试管垂直置于较小塑料桶中间（用手扶好），把大桶中的冰小心倒满试管周围，然后向冰上撒大约 4 勺盐（注意：撒盐时尽量撒在离试管近一些的周围，但不要掉到试管里），用手稍按压冰盐浴使其与试管紧密接触，最后将空的大桶套在小桶外。

(4) 利用纯水的平台置零温度计（此步不必记录数据）：置零的目的不是矫正温度计，而是使实验时的显示温度与真实温度接近，方便观察。

打开温度计开关，连续均匀地上下搅拌试管中的水，此时会发现温度逐渐下降，当发现读数能够保持稳定或仅有微小变化时（固-液平衡的平台阶段），则按下置零键，使其显示“0.000”左右即可。将试管拿出冰盐浴，使其温度回升。

实验过程中如果发现测温仪的数字显示变为“------”，请按照下列不同情况区别对待：

① 若此时测温仪还未正式置零，则只需按住置零键几秒，数字显示即会出现；

② 若此时测温仪已经正式置零过，千万不要再按置零键，稍许显示会自动恢复，时间记录不要停止，温度读数先空出，直至恢复读数照常记录，不影响实验进行。

③ 如果数字显示长时间仍不出现，则请老师解决。

(5) 纯水凝固点的测定。当试管中的固体完全熔化且温度升到 6℃以上时，重新将试管放入冰盐浴中，将冰压紧，正式开始实验。

准备好秒表，同步骤 (4) 在连续不断地均匀搅拌下，并在温度降至 1.5℃左右时开始连续记录，30s 记录一次，直至温度稳定或仅有微小变化达 5min 后停止记录。

（6）溶液凝固点的测定。将上步的试管拿出冰盐浴，吸出冰盐浴的水，稍稍提起温度计，向试管内加入称好的约 8g 的蔗糖（要准确记录其质量到千分之一位），搅拌到完全熔化，并在温度升到 6℃以上时，重新将试管放入冰盐浴，及时补充冰盐浴的冰和盐并压紧，在温度降至 1.5℃左右时，同样测定溶液的冷却曲线，注意连续不断地均匀搅拌，在过冷回升后温度又会缓缓下降，再持续测 5min 数据即可停止记录。

（7）不同浓度溶液凝固点的测定。将试管拿出冰盐浴，吸出冰盐浴的水，用滴定管再向大试管中准确加入 30mL 去离子水稀释，并在温度升到 6℃以上时，重新将试管放入冰盐浴，及时补充冰盐浴的冰和盐并压紧，在温度降至 1.5℃左右时，同步骤（6）在连续不断地均匀搅拌下，测定其凝固点下降曲线。

（8）实验结束后，关掉仪器开关，清洗大试管，将用过的冰倒入水池中的筛盆，用自来水稍冲洗掉盐，控干后将冰倒入冰箱，清理台面和地面卫生。

5. 注意事项和说明

（1）每做完一条曲线，要及时用吸管吸出冰盐浴中多余的水，及时补充冰和盐，并将冰压紧，否则试管温度会由于冰盐浴温度不够低而降不下来或忽高忽低，导致过冷不回升且不出现结晶。

（2）即使在平台阶段，也不能停止搅拌，否则会造成试管内温度不均。

6. 数据处理和结果

（1）在坐标纸上，以时间为横坐标，温度为纵坐标（注意坐标最小分格要与仪器精度吻合），分别绘制出纯水和两种不同浓度蔗糖溶液的冷却曲线，并用作图法从冷却曲线确定纯水及各个浓度的溶液的凝固点数值，再由此求得溶液的凝固点下降值，填入表 2-3-1 中。

表 2-3-1　纯水和蔗糖溶液的凝固点

室温：＿＿＿＿＿＿　大气压：＿＿＿＿＿＿　称量的蔗糖质量：＿＿＿＿＿＿

项目	浓度/(mol/kg)	凝固点作图显示值/℃	ΔT/℃	凝固点温度/K
纯水			—	
溶液 1				
溶液 2				

（2）分别计算实验所配制的两个蔗糖溶液的质量摩尔浓度。

（3）用溶液的凝固点下降数值分别计算两种不同浓度溶液的溶质和溶剂的活度。

（4）用稀溶液的凝固点下降数值计算溶质的相对分子质量，并对照标准数据（$M_{C_{12}H_{22}O_{11}}=342.29$）计算百分误差。

7. 思考题

（1）如果选取浓溶液的凝固点下降值计算溶质的相对分子质量可能产生什么性质的误差？

（2）冷却曲线出现过冷现象的原因是什么？

参考文献

[1] 傅献彩，沈文霞，姚天扬．物理化学．北京：高等教育出版社，1990.

[2] 物理化学实验编写组．北京科技大学物理化学实验讲义．第 4 版．北京：北京科技大学印刷厂，2010.

实验 4　蔗糖水解的反应速率常数的测定

1. 实验目的

(1) 根据物质的光学性质研究蔗糖水解反应，测定反应的速率常数。

(2) 掌握旋光仪的基本原理、熟悉使用方法。

2. 实验原理

(1) 蔗糖的转化为一级反应。

蔗糖在酸催化作用下水解为葡萄糖和果糖，其反应方程式为

$$\underset{\text{蔗糖}}{C_{12}H_{22}O_{11}} + H_2O \xrightarrow{H^+} \underset{\text{葡萄糖}}{C_6H_{12}O_6} + \underset{\text{果糖}}{C_6H_{12}O_6}$$

由于在较稀的蔗糖溶液中，水是大量的，反应过程中水的浓度可以认为不变，因此在一定酸度下，反应速率只与蔗糖的浓度有关，故蔗糖的转化反应可视为一级反应。所以

$$v=\frac{-\mathrm{d}c}{\mathrm{d}t}=kt$$

式中，k 为反应速率常数；v 为反应速率；t 为反应时间；c 为时间 t 时蔗糖的浓度。做不定积分可得

$$\ln c=-kt+B \qquad (B\text{ 为积分常数})$$

当 $t=0$ 时

$$B=\ln c_0$$

c_0 是蔗糖的起始浓度，代入上式可得定积分式

$$k=\frac{1}{t}\ln\frac{c_0}{c}$$

当反应进行一半所用的时间称为半衰期，用 $t_{1/2}$ 表示，则

$$\ln\frac{c_0}{c_0/2}=kt_{1/2}$$

解得

$$t_{1/2}=\frac{\ln 2}{k}=\frac{0.6932}{k}$$

一级反应有以下三个特点：

① k 的数值与浓度无关，它的量纲为：时间$^{-1}$，常用单位 s^{-1}，min^{-1} 等。

② 半衰期与反应物起始浓度无关。

③ 以 $\ln c$ 对 t 作图应得一直线，斜率为 $-k$，截距为 B。

由此可用作图法求得直线斜率，计算反应速率常数 $k=-$斜率。

(2) 反应物质的旋光性。

蔗糖及其水解产物葡萄糖和果糖都含有不对称碳原子，因此它们都具有旋光性，即都能

使透过它们的偏振光的振动面旋转一定的角度，此角度称为旋光度，以 α 表示。蔗糖、葡萄糖能使偏振光的振动面按顺时针方向旋转，为右旋物质，旋光度为正值。果糖为左旋物质，旋光度为负值，数值较大，因此，整个水解混合物是左旋的。所以可以通过测定反应过程中旋光度的变化来量度反应的进程。量度旋光度的仪器称旋光仪，旋光仪的原理见 3.8 节。

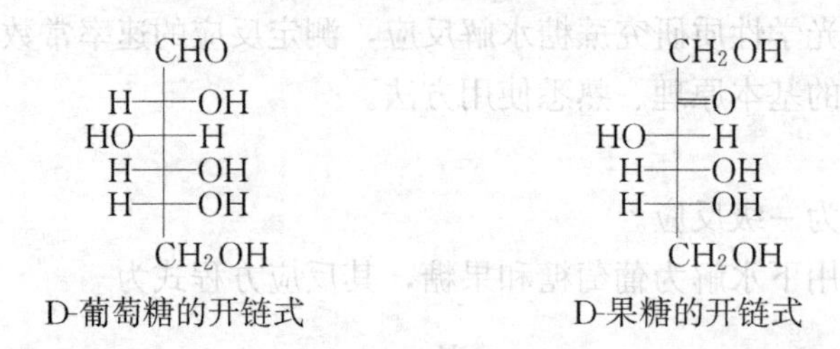

D-葡萄糖的开链式　　D-果糖的开链式

（3）旋光度与比旋光度。

溶液的旋光度与溶液中所含旋光物质的种类、浓度、液层厚度、光源的波长以及反应时的温度有关。

为了比较各种物质的旋光能力，引入比旋光度 $[\alpha]$ 这一概念，并以下式表示

$$[\alpha]_{\lambda}^{t}=\frac{\alpha}{lc} \tag{2-4-1}$$

式中，t 为实验时的温度；λ 为所用光源的波长，一般使用钠光灯，波长为 589nm，以 D 表示；α 为旋光度；l 为液层厚度（常以 10cm 为单位）；c 为浓度（常用 100mL 溶液中溶有质量 m 的物质来表示）。式(2-4-1) 可写成

$$[\alpha]_{\mathrm{D}}^{t}=\frac{\alpha}{lm/100} \tag{2-4-2}$$

或

$$\alpha=[\alpha]_{\mathrm{D}}^{t}lc \tag{2-4-3}$$

由式(2-4-3) 可以看出，当其他条件不变时，旋光度 α 与反应物的浓度成正比，即

$$\alpha=K'c$$

式中，K' 为一个常数。它只与物质的旋光能力、溶液层厚度、溶剂性质、光源的波长、反应时的温度等因素有关。

蔗糖是右旋性物质（比旋光度 $[\alpha]_{\mathrm{D}}^{20}=66.6°$），产物中葡萄糖也是右旋性物质（比旋光度 $[\alpha]_{\mathrm{D}}^{20}=52.5°$），而果糖是左旋性物质（比旋光度 $[\alpha]_{\mathrm{D}}^{20}=-91.9°$）。因此当水解反应进行时，右旋角不断减小，当反应终了时体系将经过零变成左旋。

（4）旋光度变化与浓度变化的对应关系。

蔗糖水解反应中，反应物与生成物都有旋光性，旋光度与浓度成正比，且溶液的旋光度为各物质的旋光度之和。若反应时间为 0、t、∞时溶液旋光度各为 α_0 、α_t 、α_∞ ，可推导出

$$C_0=K'[\alpha_0-\alpha_\infty]，\quad C_t=K'[\alpha_t-\alpha_\infty]$$

式中，α_0 为开始时蔗糖的右旋角；α_t 为反应进行到 t 时混合物的旋角；α_∞ 为水解完毕时的左旋角。可用 $\alpha_0-\alpha_\infty$ 代表蔗糖的总量，$\alpha_t-\alpha_\infty$ 代表 t 时的蔗糖量。反应速率常数 k 可以表示为：

$$k=\frac{1}{t}\ln\frac{c_0}{c}=\frac{1}{t}\ln\frac{K'(\alpha_0-\alpha_\infty)}{K'(\alpha_t-\alpha_\infty)}=\frac{1}{t}\ln\frac{\alpha_0-\alpha_\infty}{\alpha_t-\alpha_\infty}$$

以 $\ln(\alpha_0-\alpha_\infty)$ 对 t 作图，由图中的直线斜率求 k 值，进而可以求得半衰期 $t_{1/2}$。

3. 仪器装置与试剂

自动旋光仪1台；秒表1块；恒温水浴槽1套；粗天平1台；烧杯（200mL）1只；量筒（100mL）1只；锥形瓶（150mL）3个；移液管（25mL）2支；玻璃漏斗1个；玻璃棒1个；洗耳球1个；橡胶塞子1个；滤纸，擦镜纸若干。

蔗糖（分析纯）1瓶；4mol/L HCl溶液。

4. 实验步骤

（1）仪器的使用方法。

① 将仪器的电源插好。

② 打开自动旋光仪的电源开关，钠光灯点亮后，预热10min，直到发光稳定。如果打开DC开关后，钠光灯点亮后自动熄灭，则需要将旋光仪的DC开关重复打开1～2次，使得钠光灯在直流下点亮，仪器工作转为正常。

③ 打开测量开关，使得仪器处于待测状态。

④ 将装有蒸馏水或者其他空白溶剂的旋光管放入样品室中，盖上箱盖，等待显示的数字稳定以后，按清零键。旋光管中若有气泡，应先把气泡赶出旋光管。使得旋光管中充满待测样品。旋光管的通光面两端的雾状水滴，测量前用擦镜纸轻轻擦干。注意旋光管不要拧得太紧，以免产生应力而影响读数。旋光管放置时应注意保持位置和方向一致。

⑤ 测量前应使用少量待测液润洗旋光管，按相同的位置和方向放入样品室，盖好箱盖。仪器读数窗口将显示出该样品的旋光度。逐次按动复测键，重复读取几次数，取其平均值作为样品的测量结果。

⑥ 测量过程中如果样品超出测量的范围，仪器会在+45°处停止。此时取出旋光管，打开箱盖按箱内归零按钮，仪器即自动转回零位。

⑦ 仪器使用完后，依次关闭测量、光源和电源开关。

（2）蔗糖溶液的配制。用天平称取20g蔗糖溶于200mL烧杯内，用量筒加100mL蒸馏水，使蔗糖完全溶解。如果溶液浑浊，则需要过滤。

（3）反应过程中旋光度的测定。

① 用蒸馏水校正仪器的零点。测量前必须使用蒸馏水润洗旋光管，然后再注满蒸馏水（不要有气泡），用纸擦净两端玻璃片，放入自动旋光仪内，盖上箱盖。待显示的数字稳定以后，按清零键以校正仪器的系统误差。

② 用两支不同移液管分别移取25mL蔗糖溶液、25mL 4mol/L HCl溶液于150mL的锥形瓶中，注意先加蔗糖溶液。当HCl溶液流出移液管一半时开始计时，迅速混合均匀。用反应液荡洗旋光管两次后，再将旋光管注满反应液（注意倒溶液时应十分小心，不要使溶液流出管外）。按要求擦净表面（反应液的酸度很大，样品管必须擦干净，防止腐蚀仪器），按原来的位置和方向放入样品室，测定各时刻的旋光度。

③ 第一个数据尽可能在离反应起始时间1～2min内进行测定。然后每分钟测量一次。以后由于反应物浓度降低，使反应速率变慢。这时可将每次测量的时间间隔适当放宽，一直测量到旋光度为负值。

（4）α_∞ 的测定。在测量 α_t 的同时，用两支不同移液管分别移取25mL蔗糖溶液、25mL 4mol/L HCl溶液于另一个150mL的锥形瓶中。盖好塞子，置于50～60℃的热水浴中，恒热 40min，以加速转化反应的进行，然后冷却到室温后测定旋光度，待溶液在旋光管内静置约 10min 后，间隔 1min 读数，读取 5～7 个数据，求平均值。此值即为反应终了时的旋光度（水浴温度不可过高，以免产生副反应，使颜色发黄。加热过程中还应避免溶剂蒸发影响浓度）。

实验结束后，立刻将旋光管和所有用过的玻璃仪器洗净，干燥后备用。

5. 数据处理和结果

（1）实验数据填入表 2-4-1 中。

表 2-4-1 不同反应时间体系旋光度数据及相关数据处理表

实验温度（1）________（2）________（3）________平均________

HCl 浓度________

α_∞（1）________（2）________（3）________（4）________（5）________平均________

反应时间/min	α_t	α_∞	$\alpha_t-\alpha_\infty$	$\ln(\alpha_t-\alpha_\infty)$	k

（2）以 $\ln(\alpha_t-\alpha_\infty)$ 对 t 作图，由图所得直线斜率求 k 值。

（3）计算反应的半衰期 $t_{1/2}$。

6. 讨论与说明

（1）蔗糖水解在酸性介质中进行，H^+ 为催化剂，故反应是一复杂反应，反应的计算方程式显然不表示此反应的机理。本反应视为一级反应完全是实践得出的结论。

（2）速率常数 k 与催化剂的浓度有关，所以酸的浓度必须精确，以保证反应体系中 H^+ 的浓度与实验要求的相一致。

（3）温度对速率常数 k 的影响不容忽视，由于自动旋光仪只能在室温下使用，因此测量开始前、测量过程中和测量结束后，都应记录温度，取其平均值。

（4）使用旋光管时，将其在旋光仪中放正放稳，勿使其漏水或产生气泡。

7. 思考题

（1）为什么可用蒸馏水来校正旋光仪的零点？

（2）在旋光度的测量中为什么要对零点进行校正？它对本实验的测量有什么影响？

（3）为什么配制蔗糖溶液可用粗天平称量？

参考文献

[1] 傅献彩，沈文霞，姚天扬．物理化学．北京：高等教育出版社，1990.

[2] 物理化学实验编写组．北京科技大学物理化学实验讲义．第 4 版．北京：北京科技大学印刷厂，2010.

实验 5 原电池电动势的测定

1. 实验目的

（1）了解可逆电池、可逆电极、盐桥的制备与使用。

（2）通过电动势数据计算电极电势和标准电极电势。

(3) 掌握电位差计测量电池电动势的原理和使用方法。

2. 实验原理

电池由正负两极组成，电池在放电过程中正极发生还原反应，负极发生氧化反应，电池反应是电池中两极反应的总和。

可逆电池要求电池反应是可逆的，并且不存在任何不可逆的液体接界。此外，电池必须在可逆的情况下工作，即放电和充电过程都必须在准平衡态下进行，这时电池只有无限小的电流通过。

为了尽量减小液接电势，常采用盐桥。盐桥是正负离子迁移数比较接近的盐类溶液所构成的“桥”。用来连接会显著产生液接电势的两种液体，盐桥既分开了两种液体，又能构成通路，并降低液接电势。常用的盐类有 KCl、KNO_3、NH_4NO_3 等。本实验采用饱和 KCl 盐桥，它是将饱和 KCl 用琼脂（俗称洋菜）作黏合剂装入 U 形玻璃管中制成的，管中的物质呈凝胶状态。

在进行电动势测量时，为了使电池反应在接近热力学可逆条件下进行，可采用电位差计，以对消法原理进行测量，测量原理和使用方法见 3.6 节。

电池电动势 E 是两电极电势的代数和。当电势都以还原电势表示时，$E=\varphi_{+}-\varphi_{-}$。

以铜-锌电池为例： $Zn|Zn^{2+}(a_1)\|Cu^{2+}(a_2)|Cu$

负极反应： $Zn \longrightarrow Zn^{2+}+2e^-$

正极反应： $Cu^{2+}+2e^- \longrightarrow Cu$

电池反应： $Zn+Cu^{2+}(a_2) = Cu+Zn^{2+}(a_1)$

原电池电动势和参与反应各物质的活度有如下关系

$$E=E^{\ominus}-\frac{RT}{zF}\ln\frac{a_{Zn^{2+}}a_{Cu}}{a_{Cu^{2+}}a_{Zn}} \tag{2-5-1}$$

电极电势与活度的关系为

$$\varphi_{+}=\varphi^{\ominus}_{Cu^{2+}/Cu}-\frac{RT}{zF}\ln\frac{a_{Cu}}{a_{Cu^{2+}}} \tag{2-5-2}$$

$$\varphi_{-}=\varphi^{\ominus}_{Zn^{2+}/Zn}-\frac{RT}{zF}\ln\frac{a_{Zn}}{a_{Zn^{2+}}} \tag{2-5-3}$$

式中，$\varphi^{\ominus}_{Cu^{2+}/Cu}$、$\varphi^{\ominus}_{Zn^{2+}/Zn}$ 分别代表铜、锌电极与活度为 1 的 Cu^{2+}、Zn^{2+} 达平衡时的电极电势。某标准电极与标准氢电极比较所得的值称为该电极的标准电极电势。25℃时铜、锌电极的标准还原电极电势为：$\varphi^{\ominus}_{Cu^{2+}/Cu}=0.337V$，$\varphi^{\ominus}_{Zn^{2+}/Zn}=-0.763V$。

由于氢电极制备及使用不方便等缺点，一般常用一些制备工艺简单、电势稳定和使用方便的电极作为参比电极来代替氢电极。常用的有甘汞电极和氯化银电极等，这些电极与标准氢电极比较而得到的电势已精确测定。本实验用饱和甘汞电极作参比电极，分别与锌电极、铜电极等组成可逆电池，测量其电动势，由此可求得铜、锌的电极电势。

3. 仪器装置与试剂

UJ-25 型电位差计（包括直流稳压电源、分流器、补偿电位计；标准电池、检流计各 1 台）；饱和甘汞电极 1 支、试管架 1 个；试管 5 支；锌电极 2 个；铜电极 2 个；饱和 KCl 盐桥、饱和 KCl 溶液。

0.1000mol/L $ZnSO_4$，0.1000mol/L $CuSO_4$；0.0100mol/L $ZnSO_4$，0.0100mol/L $CuSO_4$。

4. 实验步骤

（1）处理电极。用砂纸将锌、铜电极表面打磨光滑，然后用自来水冲洗，用滤纸擦干，再用酒精棉球擦拭表面以除油污，待干后插入相应的金属盐溶液中（若在后面的测量中时间较长，应重新处理电极）。

（2）组装电池。将装有饱和 KCl 溶液的半电池管与装有金属电极的半电池管用盐桥连接（盐桥使用前要确保电解质没有缺失和气泡），并在饱和 KCl 溶液中插入甘汞电极（甘汞电极下端的橡皮套取下放入盒内，实验完毕再套上）。

（3）连接线路。仔细阅读 UJ-25 型电位差计的使用方法和注意事项（见 3.5 节）。甲电池（工作电源）串联成 3V 电源，供电位差计使用。标准电池使用时不可倾倒，正负极不可接反。标准电池只用于标准化，不可作为电源使用，测量时间必须短暂，间歇式按键，以免电流过大损坏电池。检流计使用时置于“220V/×0.1 挡”，实验结束后置“6V/短路”挡。电位差计使用时，首先读取室温，根据 20℃时标准电池电动势值（1.01845V），查附录 3 附表 3-6，对温度进行校正，计算室温下标准电池电动势值，并将小数点最后两位数值设于电位差计上。标准化时，测量按钮置于“N”挡，先粗调至检流计光标基本不动，再细调，直至检流计指针不动为止，注意用间歇式按键调节。测量未知电池时，测量按钮置于“X_1”或“X_2”挡，同样用间歇式按键，先粗调后细调，直至光标不动为止，记录相应的电动势数值。

（4）测量电动势。分别测定下列电池的电动势：

① Zn|$ZnSO_4$(0.0100mol/L)‖KCl(饱和)|甘汞电极；

② Zn|$ZnSO_4$(0.1000mol/L)‖KCl(饱和)|甘汞电极；

③ 甘汞电极|KCl(饱和)‖$CuSO_4$(0.0100mol/L)|Cu；

④ 甘汞电极|KCl(饱和)‖$CuSO_4$(0.1000mol/L)|Cu；

⑤ Zn|$ZnSO_4$(0.0100mol/L)‖$CuSO_4$(0.0100mol/L)|Cu；

⑥ Zn|$ZnSO_4$(0.1000mol/L)‖$CuSO_4$(0.1000mol/L)|Cu；

⑦ Zn|$ZnSO_4$(0.0100mol/L)‖$ZnSO_4$(0.1000mol/L)|Zn；

⑧ Cu|$CuSO_4$(0.0100mol/L)‖$CuSO_4$(0.1000mol/L)|Cu。

5. 数据处理和结果

（1）列出上述电池电动势测量值、室温和大气压。

（2）由下列饱和甘汞电极的 $\varphi_{甘}$ 与温度 t 的关系式、标准态下锌、铜电极的温度系数等数据，计算当天温度下饱和甘汞电极、锌、铜电极的标准电极电势的数值。已知：$\varphi^{\ominus}_{Zn^{2+}/Zn}=-0.763V$（25℃）；$\varphi^{\ominus}_{Cu^{2+}/Cu}=0.337V$（25℃）

$$\varphi_{甘}=[0.241-6.61\times10^{-4}(t-25)],\ V \tag{2-5-4}$$

$$\left(\frac{\partial\varphi^{\ominus}}{\partial T}\right)_{Zn}=0.1\times10^{-3}\ V/K \tag{2-5-5}$$

$$\left(\frac{\partial\varphi^{\ominus}}{\partial T}\right)_{Cu}=0.01\times10^{-3}\ V/K \tag{2-5-6}$$

（3）利用下列的 $\gamma_{\pm}$，已得出的 $\varphi_{甘}$ 值及 E 测量值，计算前四个电池中锌、铜电极在当天温度下的标准电极电势，并与“(2)”计算出的标准电极电势值进行比较。离子平均活度系数 $\gamma_{\pm}$ 见表 2-5-1。

表 2-5-1　$ZnSO_4$、$CuSO_4$ 溶液离子平均活度系数 $\gamma_{\pm}$（25℃）

项目	0.0100mol/L	0.1000mol/L
$\gamma_{\pm}(ZnSO_4)$	0.387	0.150
$\gamma_{\pm}(CuSO_4)$	0.400	0.160

（4）用"（2）"计算出的铜、锌标准电极电势值及 $\gamma_{\pm}$，计算电池的电动势 E，与 E 测量值相比较。

6. 思考题

（1）为什么测量电池电动势需要用对消法？其原理是什么？

（2）标准电池的构造以及使用时应注意什么？

（3）在测量过程中，若检流计光点总是往一个方向偏转，可能是什么原因？

（4）盐桥的选择原则和作用是什么？

参考文献

[1] 傅献彩，沈文霞，姚天扬．物理化学（下册）．北京：高等教育出版社，1990.

[2] 物理化学实验编写组．北京科技大学物理化学实验讲义．第 4 版．北京：北京科技大学印刷厂，2010.

实验 6　二组分固-液相图的绘制

1. 实验目的

（1）了解二组分固-液相图的基本特点。

（2）学会用热分析法绘制 Pb-Sn 二组分固-液相图。

（3）掌握热分析法绘制相图的基本原理，了解测定复杂相图的一般方法。

2. 实验原理

（1）二组分固-液相图。

相图是表示多相平衡体系的存在状态随组成、温度、压力等因素变化的关系图。它包括平衡时体系中有哪些相，各相的成分如何，不同相的相对量是多少，以及它们随浓度、温度、压力等变量变化的关系。

多组分体系的自由度与相的数目有以下关系：

自由度＝独立组分数－相数＋2（其中二组分体系的独立组分数＝2）

由于一般物质其固液两相的摩尔体积差别不大，使得固液相图受外界压力的影响很小，因此讨论时可不考虑压力的影响。二组分固-液体系中至少有一个相，根据相律，二组分其自由度数最多为 2，即最多有温度和组成两个独立变量，即可以用温度-组成图表示。目前，二组分固-液相图在冶金、化工等领域得到广泛应用。

简单的二组分固-液相图主要有三种类型：一种是二组元液态完全互溶，固态完全不互溶，生成最低共熔混合物类型，如 Bi-Cd 体系；第二种是液态完全互溶，固态也能完全互溶，生成连续固溶体类型，如 Cu-Ni 体系；还有一种是液态完全互溶，固态部分互溶，生成不连续固溶体类型，如 Pb-Sn 体系。本实验所研究的 Pb-Sn 体系就是这种具有代表性的液态完全互溶、固态部分互溶，且具有低共熔点的固-液相图。

（2）热分析法和步冷曲线。

热分析法是绘制金属相图常用的一种实验方法，用于观察被研究体系温度变化与相变化之间的关系。其原理是将体系加热熔融，然后让其在一定环境中自然冷却，每隔一定时间记录一次温度，绘制温度与时间关系的曲线——步冷曲线。当体系自然冷却过程中无相变化时，其温度将连续均匀下降得到一条光滑的步冷曲线；当体系在自然冷却过程中发生相变时，体系产生的相变热可以抵消体系因冷却向环境放出的热量，步冷曲线就会出现转折或水平线段，转折点所对应的温度，即为该组成体系的相变温度。因此，测定体系的步冷曲线，通过步冷曲线的转折点或水平线段可确定体系发生相变的温度，再结合相律等其他手段，可绘制出体系的相图（温度-组成图）。具有低共熔点体系的不同组成熔体的步冷曲线对应的相图如图 2-6-1 所示。

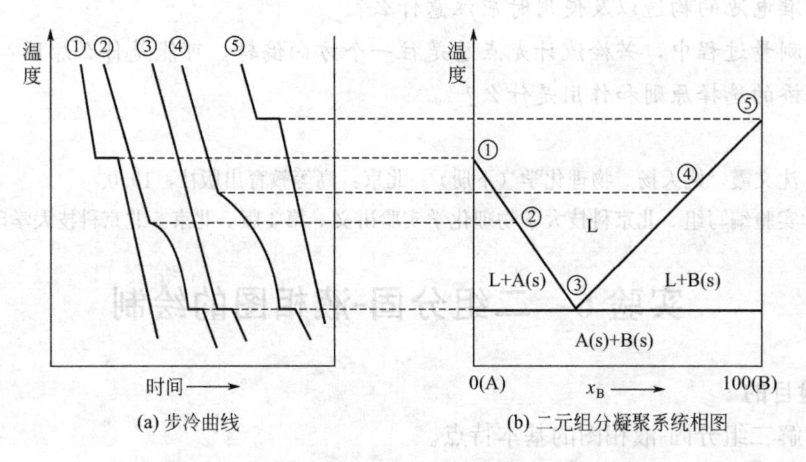

图 2-6-1　不同组成熔体的步冷曲线及对应的相图

采用热分析法绘制金属相图时，必须保证被测体系的冷却速度足够慢才能使得体系处于或接近相平衡状态，才能得到更精确的实验数据；此外，冷却过程中新的固相出现以前易发生过冷现象，轻微过冷对测量相变温度有利，如图 2-6-2 所示为有轻微过冷现象的步冷曲线，遇此情况作步冷曲线延长线求交点即可得到合理的转折点温度，即相变温度，如图 2-6-2中虚线所示。

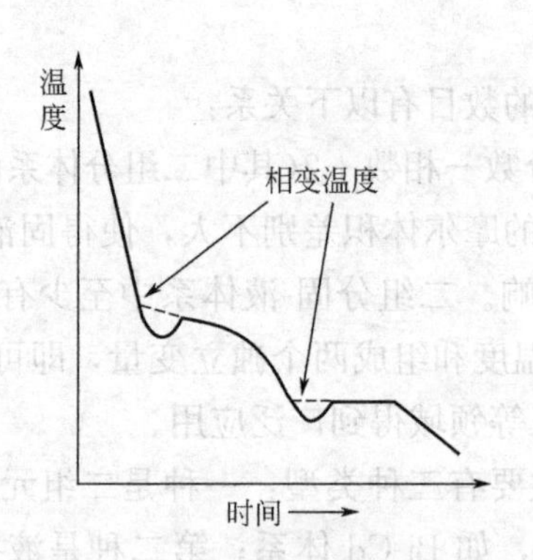

图 2-6-2　有过冷现象时的步冷曲线

一个相图的完整测绘，除采用热分析法外，常常还需借助其他技术。例如金相显微镜、X 射线衍射方法以及化学分析等手段共同解决。

3. 仪器装置与试剂

ZR-DX 金属相图实验装置；纯 Pb、20％Pb、60％Pb、纯 Sn 样品。

4. 实验步骤

(1) 将 ZR-DX 金属相图控温仪及 ZR-08 金属相图升降温电炉连接好线路，插好电源插头，接通电源。

(2) 测量样品的步冷曲线。

① 测量样品 20%Pb、60%Pb 的步冷曲线。

a. 温度设置：先从标准的 Pb-Sn 相图（见图 2-6-3），查出该合金完全熔化的温度（该组成与液相线对应的温度），按高于该值 30℃设定温度，参考 3.5 节 ZR-DX 金属相图实验装置设置温度。

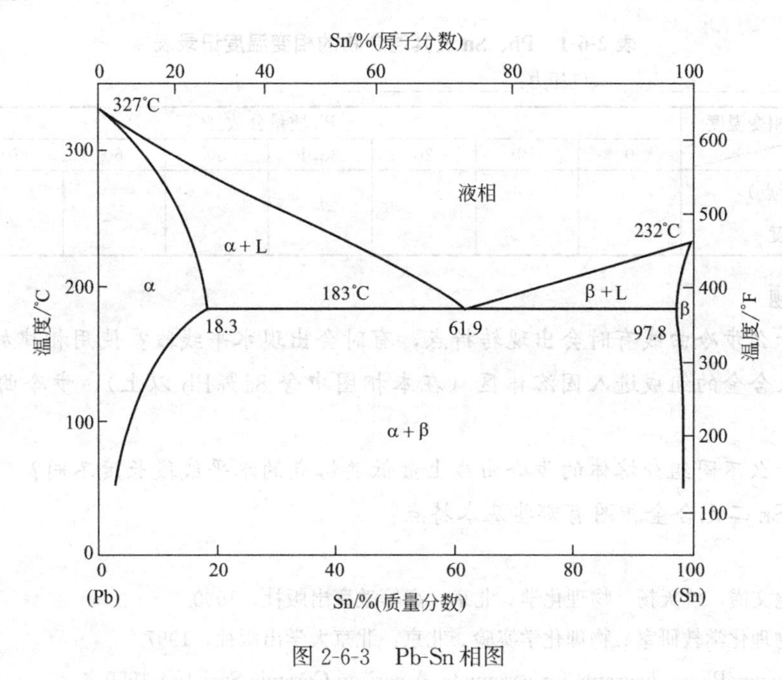

图 2-6-3　Pb-Sn 相图

b. 将“加热器选择”旋钮转动至所对应的加热器位置（确认电阻插在所对应的加热器中）。

c. 按加热键，加热灯亮。

d. 观察控制器显示温度，当温度达到设置温度时，加热灯灭。

e. 当体系温度下降时，设置定时器（定时器由教师统一设置，不要单独设置，以免造成混乱）。参考标准的 Pb-Sn 相图，在高于该组成体系完全熔化温度 30℃左右开始记录温度，每半分钟记录一次，直到水平线段温度结束后，至少再记录 10 个数据。

② 测量样品纯 Pb、纯 Sn 的步冷曲线。

a. 第一组样品测完后，先将铂电阻轻轻拿出，放在下一组样品中（纯 Pb、纯 Sn）。

b. 同上面方法，按高于熔点 30℃设置温度，另纯样品（纯 Pb）需设置保温补偿（Keep temp：3%），并测量其步冷曲线。

c. 测量完毕后，将“加热器选择”拨码开关调至“0”，关闭电源。

注意：实验过程中如果发现显示温度超过 400℃，应立即打开风扇开关，并将风扇调速旋钮拧至最大。如温度过高，达 450℃时，应立即将铂电阻移到温度低的位置，避免铂电阻在高温下被烧坏。

5. 数据处理和结果

（1）在坐标纸上，以温度为纵坐标，时间为横坐标，绘制出各样品的步冷曲线。并从步冷曲线上确定转折点及水平线段的温度，将数据填入表 2-6-1 中。

（2）从标准的 Pb-Sn 相图上查出其他六组样品的熔点，填入表 2-6-1 中，并查出 α 相和 β 相的饱和溶解度值（即相图水平线的两个端点）。

（3）用表 2-6-1 中所示数据，以温度为纵坐标，质量分数为横坐标，绘制 Pb-Sn 相图。

（4）在所绘相图上用相律分析各个相区、熔点及低共熔点的相数及自由度数。

（5）计算实验偏差并分析产生偏差的原因。

表 2-6-1　Pb、Sn 及其混合物的相变温度记录表

室温：＿＿＿＿＿＿　　大气压力：＿＿＿＿＿＿

相变温度 / 合金成分	Pb 质量分数/%							
	0	10	20	38.1	50	60	70	100
熔点（转折点）								
共晶温度								

6. 思考题

（1）为什么步冷曲线有时会出现转折点，有时会出现水平线段？使用相律加以解释。

（2）如果合金的组成进入固溶体区（在本相图中含 81%Pb 以上），步冷曲线该是什么形状？

（3）为什么不同组分熔体的步冷曲线上最低共熔点的水平线段长度不同？

（4）Pb-Sn 二元合金相图有哪些基本特点？

参考文献

[1] 傅献彩，沈文霞，姚天扬．物理化学．北京：高等教育出版社，1990.
[2] 北京大学物理化学教研室．物理化学实验．北京：北京大学出版社，1997.
[3] Emest M Levin. Phase diagrams for ceramists. American Ceramic Society，1959.
[4] 物理化学实验编写组．北京科技大学物理化学实验讲义．第 4 版．北京：北京科技大学印刷厂，2010.

实验 7　挥发性双液系汽-液平衡相图的绘制

1. 实验目的

（1）掌握使用回流冷凝法测定沸点的方法。

（2）测定并绘制环己烷-乙醇双液系的 T-x 相图，了解相图和相律的基本概念。

（3）了解阿贝折光仪的测量原理，掌握用折射率确定双液系组成的方法。

2. 实验原理

两种常温下为液态的物质混合而成的二组分体系称为双液系。若两液体能按任意比例互溶，则称为完全互溶双液系；只能部分互溶的，称为部分互溶双液体系。

液体的沸点是其蒸气压与外压相等时的温度。在一定外压下，单一组分的液体的沸点有确定值。完全互溶双液体系的沸点不仅与外压有关，还和液体的组成有关。恒压下将完全互溶双液体系蒸馏，测定馏出物（气相）和蒸馏液（液相）的组成，就能确定平衡时气、液两相的成分并绘出 T-x 相图。该图显示在气、液两相平衡时，沸点和气、液两相组成的关系，对工业上分馏-精馏技术具有重要的指导意义。

恒压下，完全互溶双液系的沸点与组成之间的关系有下列三种情况（见图2-7-1）：

① 对于理想溶液，或各组分对拉乌尔定律偏差不大的体系，溶液沸点介于两纯物质沸点之间，如苯-甲苯溶液[见图2-7-1（a）]。

② 各组分对拉乌尔定律发生负偏差，其溶液有最高沸点，如卤化氢-水、丙酮-氯仿等[见图2-7-1（b）]。

③ 各组分对拉乌尔定律发生正偏差，其溶液有最低沸点，如苯-乙醇、环己烷-乙醇等[见图2-7-1（c）]。

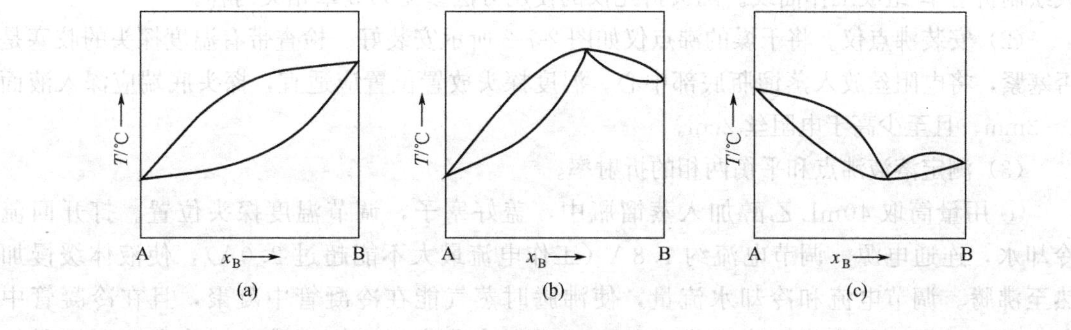

图2-7-1　沸点-组成图

图2-7-1（b）及图2-7-1（c）中在最高或最低温度，气液两相达到平衡后，两相组成相同，溶液沸点保持不变，这时的温度称为恒沸点，相应的组成称为恒沸组成。恒沸点和恒沸混合物的组成与外压有关。改变外压可使恒沸点和恒沸混合物组成发生变化。理论上，理想双液系可用精馏法分离出两种纯物质，后两种情况只能分离出一种纯物质和一种恒沸混合物。

本实验利用简单蒸馏的方法测定并绘制环己烷-乙醇双液体系的 T-x 相图。其方法是使用阿贝折光仪测定不同组成环己烷-乙醇体系在沸点温度时气、液两相的折射率，通过对比已知组成溶液折射率的标准曲线获得对应组成，然后绘制 T-x 相图。

3. 仪器装置与试剂

ZR-Fs型沸点测定仪（见图2-7-2）；WAY-2S阿贝折光仪；烧杯1个（400mL）；小滴

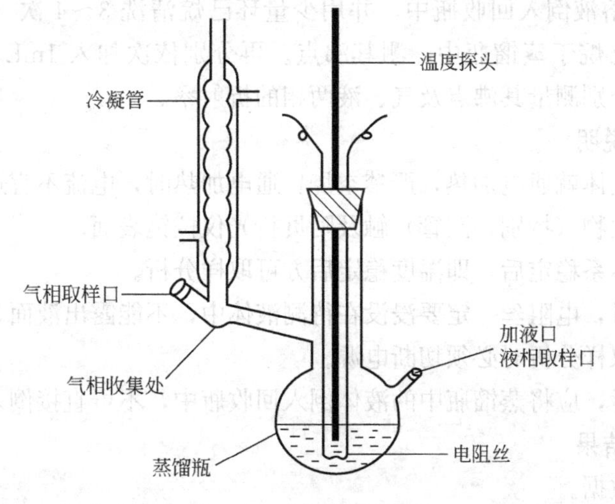

图2-7-2　沸点仪装置图

瓶6个；量筒2个（50mL）；移液管（5mL、2mL）各两支；滴管2支；洗耳球两个；擦镜纸。

乙醇（分析纯）；环已烷（分析纯）；丙酮（分析纯）。

4. 实验步骤

（1）绘制环已烷-乙醇溶液标准曲线。取清洁干燥的小滴瓶，编号后准确称量（带滴管）。用移液管分别加入1mL、2mL、3mL、4mL、5mL、6mL环已烷，分别称其质量。再分别加入6mL、5mL、4mL、3mL、2mL、1mL乙醇，称量。盖紧塞子并摇匀。调节阿贝折光仪，在室温下，分别测量环已烷、乙醇及上述所配制溶液的折射率。以折射率对溶液组成绘制折射率-组成工作曲线。阿贝折光仪的使用方法参见第3章相关内容。

（2）安装沸点仪。将干燥的沸点仪如图2-7-2所示安装好。检查带有温度探头的胶塞是否塞紧，将电阻丝放入蒸馏瓶底部中心。温度探头放置位置应适宜，探头底端应深入液面1～2mm，且至少高于电阻丝2cm。

（3）测定溶液沸点和平衡两相的折射率。

① 用量筒取40mL乙醇加入蒸馏瓶中，盖好塞子，调节温度探头位置。打开回流冷却水，连通电源，调节电流约1.8A（工作电流最大不能超过2.0A），使液体缓慢加热至沸腾。调节电流和冷却水流量，使沸腾时蒸气能在冷凝管中凝聚，且在冷凝管中高度不可过高。待溶液回流正常1～2min且温度稳定后，记下沸点。将电流调至零处停止加热。

② 用移液管取2mL环已烷加入蒸馏瓶中，重新加热至沸。液体样品加热沸腾后，气相凝聚在冷凝管下端的小玻璃泡中，因最初在小玻璃泡中收集的液体常不能代表平衡时气相的组成，待反应一段时间后应将小玻璃泡中液体完全倾入蒸馏瓶，并重复2～3次。待温度稳定后记下沸点，停止加热。迅速用干净滴管吸取少量气相冷凝液，并迅速测定其折射率（平行三次）。同时用烧杯盛冷水，置于蒸馏瓶底部冷却液相。然后用滴管通过加液口吸取少量液体测定折射率（平行三次）。

③ 分别依次加入环已烷2mL、2mL、4mL、16mL，用步骤②方法依次测定各溶液沸点和气、液两相的折射率。

④ 将蒸馏瓶内溶液倒入回收瓶中，并用少量环已烷清洗3～4次（注意不能用水洗）。重新加入40mL环已烷于蒸馏瓶中，测其沸点。再分别依次加入1mL、2mL、6mL、8mL乙醇，如前操作，分别测量其沸点及气、液两相的折射率。

5. 注意事项和说明

（1）切忌不加液体就通电加热，严禁空烧！通电加热时，电流不宜过高。

（2）不允许有硬物（特别是滴管）触及阿贝折光仪棱镜表面。

（3）一定要使体系稳定后，即温度稳定后方可取样分析。

（4）通电加热时，电阻丝一定要浸没在待测液体中，不能露出液面，否则通电加热会引起有机试剂燃烧，取样分析时必须切断电源。

（5）实验结束后，应将蒸馏瓶中的液体倒入回收瓶中，不可直接倒入下水管道。

6. 数据处理和结果

（1）记录实验数据。

（2）由表2-7-1中的数据作室温下折射率-组成工作曲线。

（3）利用所作工作曲线，确定各气液相的组成，完成表 2-7-2。

（4）由表 2-7-2 中的数据绘制环己烷-乙醇双液系的 T-x 相图，并求出最低恒沸点及相应恒沸混合物的组成。

表 2-7-1　环己烷-乙醇标准溶液的组成（质量分数/%）和折射率（n_D）

室温：________大气压：________

编号		1	2	3	4	5	6	7	8
空瓶质量/g									
(瓶＋烷)质量/g									
(瓶＋烷＋醇)质量/g								环己烷	乙醇
环己烷质量/g									
乙醇质量/g									
环己烷质量分数/%									
n_D	1								
	2								
	3								
	平均值								

表 2-7-2　溶液沸点、折射率及组成

每次加环己烷体积/mL	每次加乙醇体积/mL	沸点 t/℃	气相				液相			
			n_D			环己烷质量分数/%	n_D			环己烷质量分数/%
			1	2	平均值		1	2	平均值	
0	40									
2										
2										
4										
16										
40	0									
	1									
	2									
	6									
	8									

7. 思考题

（1）冷凝液收集处的小球泡体积大小对测量结果有何影响？

（2）连续测定实验中，每次加入蒸馏瓶中的环己烷或乙醇是否应按数据表的规定精确计量？

（3）测定纯环己烷和乙醇的沸点时，为什么要求蒸馏瓶必须干燥，而测定溶液沸点和组成时，蒸馏瓶是否需要干燥，为什么？

（4）室温下测定折射率存在什么问题，如何改进？

参考文献

[1] 傅献彩，沈文霞，姚天扬. 物理化学. 北京：高等教育出版社，1990.

[2] 徐家宁，朱万春，张忆华，张寒琦. 基础化学实验（下册）. 北京：高等教育出版社，2006.

[3] 物理化学实验编写组. 北京科技大学物理化学实验讲义. 第4版. 北京：北京科技大学印刷厂，2010.

实验8　憎液溶胶的制备与溶胶的聚沉作用

1. 实验目的

（1）制备几种憎液溶胶。

（2）测定电解质溶液对氢氧化铁溶胶的聚沉值。

（3）了解电解质对憎液溶胶稳定性的影响。

2. 实验原理

胶体溶液是大小在1～100nm之间的质点（称为分散相）分散在介质（称为分散介质）中形成的体系。分散相和分散介质都可以分别属于液态、固态和气态中的任何一种状态。分散介质为液态或气态的胶体体系能流动，外观类似普通的真溶液，通常称为溶胶。分散介质不能流动的胶体，则称为凝胶。

许多天然高分子物质能自动和水形成溶胶，通称为亲液溶胶或高分子溶胶，它是热力学稳定体系。一般所指的溶胶是由难溶物分散在分散介质中所形成的憎液溶胶，其中的粒子都是由很大数目的分子构成的。这种系统具有很大的相界面，很高的表面Gibbs自由能，很不稳定，极易被破坏而聚沉，聚沉之后往往不能恢复原态，因而是热力学中的不稳定和不可逆系统。憎液溶胶要稳定存在，需具有动力稳定性和聚结稳定性。动力稳定性是由于分散相的粒子大小在1～100nm之间，不会因重力作用而很快沉降，一般都能在较长时间内存在。聚结稳定性是指粒子与粒子不会碰撞而合并到一起。它是由于分散相粒子吸附某些离子后带电。而各胶粒带同种电荷相斥，因而获得聚结稳定性。因此制备溶胶的要点是设法使分散相物质通过分散或凝聚的方法使其粒度正好落在1～100nm之间，并加入一定量合适的电解质稳定剂，使分散相粒子带电。

溶胶的制备方法可分为两大类：一类是分散法制溶胶，即把较大的物质颗粒变为小颗粒，从而得到溶胶；另一类是凝聚法制溶胶，即把物质的分子或离子聚合成较小颗粒，从而得到溶胶。

分散法中有：借助于研磨或胶体磨等的机械分散法；借助于电弧放电的电力分散（在此过程中一般为分散与凝聚的接续）；在液体中，借助于超声波的振荡达到分散的目的；把暂时聚集在一起的胶体粒子重新分散而成溶胶的胶溶法。

凝聚法中有：借冷却或更换溶剂使成不溶解状态；在溶液中进行化学反应，生成一种不溶解的物质。

在实验室中一般采用凝聚法制备胶体溶液；分散法中除胶溶法、超声分散及某些特殊情况外，使用较少。

为了阻止在制备过程中已具有胶体大小的粒子再凝聚，以及防止在制备后的溶胶中的聚集作用，则有必要在已有的两种组分（分散相与分散介质）中加入第三组分，称为稳定剂，它的作用是能阻止晶核的成长及使已经分散粒子的聚集过程得以阻止或延缓。

憎液溶胶在各种不同制备方法中，皆需要一定数量不同性质的稳定剂，有的是在反应时另外加入的，也有是原先已加入的反应物自身，有的是反应的一种产物。

胶溶法为分散法中的一种特殊方法，通常并不发生体系比表面的改变，而是将已具有胶体分散度的粒子所组成的松软沉淀或凝胶，借加入的稳定剂吸附在粒子表面，或借某种方法除去适量的引起此种沉淀作用的电解质，即可将此沉淀或凝胶转化为溶胶体，但在其间并未发生分散度的改变。

溶胶之所以具有对聚集作用的稳定性，是因为每个胶粒周围具有电荷与溶剂化层的缘故。憎液溶胶的稳定性主要决定于胶粒表面电荷的多少，亲液溶胶的稳定性主要决定于胶粒表面溶剂化程度。

既然憎液溶胶的稳定性是由于胶粒电荷的存在，因此当加入一种电解质时，与胶粒表面带相反电荷的离子，就能降低溶胶的稳定性，促使此溶胶发生聚集作用，最后导致聚集成大粒的沉淀。对于溶胶的聚沉能力，随电解质的不同而异，主要决定于与溶胶电荷相反离子的价数，价数高，聚沉效率就增加，同价离子的聚沉效率也有一定的差别。

使一定量的溶胶在一定时间内产生完全沉淀所需电解质的最小浓度，称为该电解质对此溶胶的聚沉值；聚沉值随实验条件而异（如溶胶的浓度、制备法、加入电解质的方法、静置的时间……），是一有条件的指示数，因此必须依照一定的实验规程进行测定。

混合两种带相反电荷但不互相起化学作用的溶胶，则当二者在一定比例范围时，就可以发生聚集，小于或大于此比例范围都不发生聚集，或仅仅发生部分聚集作用。

3. 仪器装置与试剂

离心机 1 台；电炉 1 个；烧杯；移液管；试管；搅拌棒；丁铎尔实验箱。

0.01mol/L、0.1mol/L $AgNO_3$；0.01mol/L、0.1mol/L KI；1mol/L $(NH_4)_2CO_3$；2%、0.3mol/L $FeCl_3$；0.01mol/L Na_2SO_4；4mol/L NaCl；去离子水。

4. 实验步骤

(1) 制备氢氧化铁溶胶。

① 在 250mL 清洁烧杯中加入 160mL 去离子水，加热至沸腾。移去灯火，将 10mL 2% $FeCl_3$ 溶液直接加入沸水中，并不断搅拌。微微煮沸后，即可获得红棕色的氢氧化铁正胶(冷却后颜色无变化)，观察丁铎尔现象。

② 移取 10mL 0.3mol/L $FeCl_3$溶液放入 100mL 烧杯中，在强力搅拌下逐滴加入 1mol/L $(NH_4)_2CO_3$ 溶液，直至开始产生沉淀为止；再向其中加入几滴 0.3mol/L $FeCl_3$ 溶液，充分搅拌后，沉淀复行溶解，即可获得红棕色的氢氧化铁负胶。

(2) 制备碘化银溶胶。

① 移取 2mL 0.1mol/L KI 溶液，放入装有 20mL 去离子水的 100mL 烧杯中，在强力搅拌下逐滴加入 10mL 0.01mol/L $AgNO_3$溶液。

② 另取一个 100mL 烧杯，以 $AgNO_3$ 替换 KI，KI 替换 $AgNO_3$ 重复上个步骤。

③ 观察①、②法所得溶胶的丁铎尔现象及散射光、透射光。

④ 将①、②法所得溶胶混合，观察丁铎尔现象及散射光、透射光。

(3) SO_4^{2-}、Cl^- 对氢氧化铁溶胶之凝聚作用。

① 在 6 个干净的试管中将 0.01mol/L Na_2SO_4 与去离子水按表 2-8-1 比例配成不同浓度的 Na_2SO_4 溶液。

表 2-8-1　不同浓度的 Na_2SO_4 溶液配制表

试管号	1	2	3	4	5	6
0.01mol/L Na_2SO_4 溶液体积/mL	0	1	2	3	4	5
去离子水体积/mL	5	4	3	2	1	0

② 各取 4mL 氢氧化铁溶胶于另 6 个干净的试管中，在每个试管中各加去离子水 1mL，并振摇均匀。

③ 将已振摇均匀之不同浓度的电解质溶液与溶胶混合，即将①、②混合（来回倒 2 次，以混合均匀），然后将此 6 个试管置于一定恒速的离心机中进行沉淀分离，3min 后观察哪个试管底部有沉淀产生？

④ 为了要得到更准确的聚沉值，可在聚沉浓度附近做一系列实验，例如，假如上述实验有如表 2-8-2 所示情况，则再将 0.01mol/L Na_2SO_4 溶液稀释成一系列稀溶液，使其浓度介于试管 3 和 4 之间，如表 2-8-3 所示。

表 2-8-2　不同浓度的 Na_2SO_4 溶液聚沉氢氧化铁

溶胶试管号	1	2	3	4	5	6
沉淀现象	无	无	无	有	有	有

表 2-8-3　试管 3 和 4 之间不同浓度的 Na_2SO_4 溶液聚沉氢氧化铁溶胶

试管号	1	2	3	4	5	6	7	8	9
0.01mol/L Na_2SO_4 溶液体积/mL	2.1	2.2	2.3	2.4	2.5	2.6	2.7	2.8	2.9
去离子水/mL	2.9	2.8	2.7	2.6	2.5	2.4	2.3	2.2	2.1

同法进行实验，观察结果后（可再如同上法，再次稀释 0.01mol/L Na_2SO_4 溶液进行实验，本实验可不再稀释），以求得 Na_2SO_4 对氢氧化铁溶胶聚沉最低的准确值。

⑤ 同上法，以 4mol/L NaCl 溶液替换 0.01mol/L Na_2SO_4 溶液进行实验（只做粗略聚沉值，不必再次细分）。

5. 注意事项和说明

（1）玻璃仪器必须洗干净。

（2）本实验所用溶液较多，实验过程中注意不要用错。一旦用错，必须重做。

6. 数据处理和结果

（1）写出制备氢氧化铁溶胶的化学反应式，并记录观察到的现象（包括颜色、透明程度、有无丁铎尔现象等）。

（2）写出碘化银溶胶胶团结构式，并记录观察到的现象。

（3）本实验中制备的 $Fe(OH)_3$ 正、负溶胶用的是什么方法？

（4）列表记录 SO_4^{2-}、Cl^- 对氢氧化铁溶胶的聚沉现象。

（5）计算 SO_4^{2-}、Cl^- 对氢氧化铁溶胶的聚沉现值，并比较聚沉能力。

7. 思考题

（1）溶胶的稳定性决定于什么？

(2) 电解质何以会使溶胶聚沉？何谓聚沉值？

(3) 亲液溶胶和憎液溶胶的区别是什么？

(4) 影响亲液溶胶和憎液溶胶稳定性的因素有哪些？

参考文献

[1] 傅献彩，沈文霞等．物理化学．第5版．北京：高等教育出版社，2005.

[2] 朱步瑶．界面化学基础．北京：化学工业出版社，2002.

[3] 物理化学实验编写组．北京科技大学物理化学实验讲义．第4版．北京：北京科技大学印刷厂，2010.

[4] 北京大学物理化学教研室．物理化学实验．北京：北京大学出版社，1997.

附：相关的化学反应式

(1) 氢氧化铁正胶的形成：

$$FeCl_3 + 3H_2O \overset{\triangle}{\rightleftharpoons} Fe(OH)_3\downarrow + 3HCl$$

$$Fe(OH)_3 + 3HCl = FeOCl + 2H_2O$$

$$FeOCl = FeO^+ + Cl^-$$

$Fe(OH)_3\downarrow$ 优先吸附 FeO^+ 形成正胶。

(2) 氢氧化铁负胶的形成：

$$FeCl_3 + 3(NH_4)_2CO_3 + 3H_2O \rightleftharpoons Fe(OH)_3\downarrow + 3CO_2 + 6NH_4Cl$$

$$FeCl_3 + Cl^- \longrightarrow FeCl_4^-$$

$$FeCl_3 + 2Cl^- \longrightarrow FeCl_5^{2-}$$

$$FeCl_3 + 3Cl^- \longrightarrow FeCl_6^{3-}$$

$Fe(OH)_3\downarrow$ 优先吸附 $FeCl_4^-$、$FeCl_5^{2-}$、$FeCl_6^{3-}$ 形成负胶。

实验9　溶液表面张力的测定

1. 实验目的

(1) 掌握JZHY-180界面张力仪的一般原理及使用方法。用环圈法测定不同浓度正丁醇溶液的表面张力。

(2) 了解溶液表面的吸附作用及吉布斯吸附等温式和朗格谬尔吸附等温式，了解表面张力与吸附作用的关系。

(3) 通过实验绘出正丁醇溶液吸附等温线并求出吸附层厚度及分子截面积。

2. 实验原理

研究气-液表面活性物质的吸附作用时，可用吉布斯（Gibbs）吸附方程描述。在指定的温度和压力下

$$\Gamma = -\frac{c}{RT}\left(\frac{d\sigma}{dc}\right)_T \tag{2-9-1}$$

式中，Γ 为溶质被单位表面层所吸附的量，又称表面过剩量，即溶质的表面浓度与主体浓度之差，mol/m^2；σ 为溶液的表面张力，mN/m 或 J/m^2；c 为吸附达到平衡时溶质在溶剂中的浓度，mol/L；T 为实验进行时的热力学温度，K；R 为气体常数，其值为 8.314J/(mol·K)。

当$\left(\frac{d\sigma}{dc}\right)_T<0$时，$\Gamma>0$称为正吸附；$\left(\frac{d\sigma}{dc}\right)_T>0$时，$\Gamma<0$称为负吸附。吉布斯吸附等温式应用范围非常广泛，但上述形式仅适用于稀溶液。

能够显著降低液体表面张力的物质叫表面活性物质，表面活性物质具有显著的不对称结构，它们由亲水的极性基团和憎水的非极性基团构成，正丁醇就属于这一类化合物，它们在水溶液中的浓度不同，则在水溶液表面的排列情况就不同，如图 2-9-1 所示。图 2-9-1（a）和（b）是不饱和吸附时溶液界面层分子的排列，（c）是饱和吸附时溶液界面层分子的排列。

(a) (b) (c)

图 2-9-1 被吸附分子在界面上的排列

当界面上被吸附分子的浓度增大时，它的排列方式也在改变，当浓度足够大时，被吸附分子占满所有界面的位置，形成饱和吸附层。这样的吸附层是单分子层，随着表面活性物质的分子在界面上的紧密排列，此界面的表面张力逐渐减小。如果在恒温下绘成曲线$\sigma=f(c)$为表面张力等温线，当c增加时，σ开始时显著下降，而后下降逐渐缓慢，以至σ的变化很小，最后σ的数值恒定为某一常数（见图 2-9-2）。利用图解法可以十分方便地进行计算求出表面过剩量，如图 2-9-2 所示，经过a作切线交纵轴于b，过切点a作平行于横坐标的直线，交纵坐标于b'点。以Z表示切线和平行线在纵坐标上截距间的距离，显然

$$\left(\frac{d\sigma}{dc}\right)_T=-\frac{Z}{c} \tag{2-9-2}$$

$$Z=-\left(\frac{d\sigma}{dc}\right)_T c \tag{2-9-3}$$

代入式(2-9-1)

$$\Gamma=-\frac{c}{RT}\left(\frac{d\sigma}{dc}\right)_T=\frac{Z}{RT} \tag{2-9-4}$$

以不同的浓度对应其相应的Γ可做出曲线$\Gamma=f(c)$，称为吸附等温线，如图 2-9-3 所示。

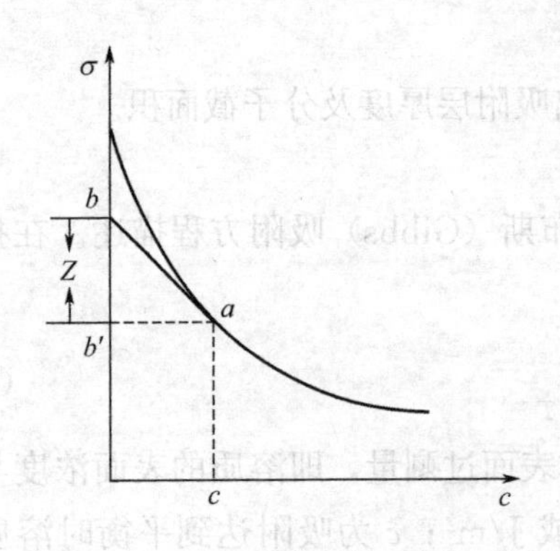

图 2-9-2 表面张力和浓度关系图

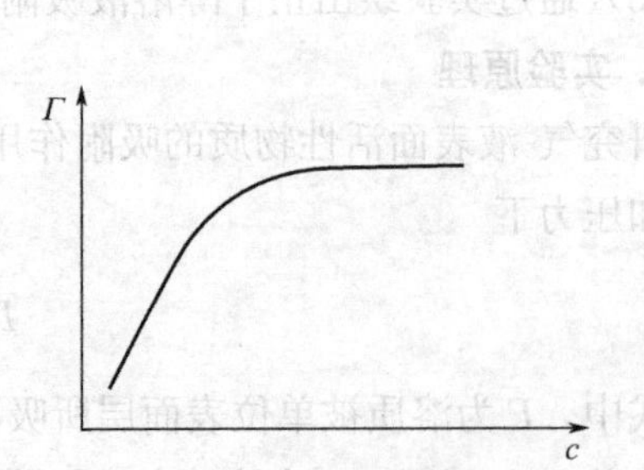

图 2-9-3 吸附等温线

液体或固体表面单分子吸附时，可用朗格谬尔（Langmuir）吸附等温式表示

$$\Gamma=\Gamma_{\infty}\frac{bc}{1+bc} \qquad (2\text{-}9\text{-}5)$$

Γ_{∞}（mol/cm^2）为饱和吸附量，即表面被吸附质分子铺满一层时的 Γ；b（L/mol）为常数，与溶质的表面活性大小有关，将式(2-9-5) 取倒数可得下式

$$\frac{c}{\Gamma}=\frac{bc+1}{b\Gamma_{\infty}}=\frac{c}{\Gamma_{\infty}}+\frac{1}{b\Gamma_{\infty}} \qquad (2\text{-}9\text{-}6)$$

以$\frac{c}{\Gamma}$对 c 作图，得一直线，该直线的斜率为$\frac{1}{\Gamma_{\infty}}$，截距为$\frac{1}{b\Gamma_{\infty}}$，进而可求得 Γ_{∞} 和 b，由所求得的 Γ_{∞} 代入式(2-9-7) 可求得被吸附分子的截面积

$$A_0=\frac{1}{\Gamma_{\infty}N_A} \qquad (2\text{-}9\text{-}7)$$

式中，N_A 为阿伏伽德罗常数，mol^{-1}。

若已知溶质的密度 ρ(g/cm^3)、摩尔质量 M(g/mol)，就可计算出吸附层厚度 δ

$$\delta=\frac{\Gamma_{\infty}M}{\rho} \qquad (2\text{-}9\text{-}8)$$

3. 环圈法测定溶液表面张力的原理

环圈法是应用相当广泛的方法，它可以测定溶液的表面张力；也可测定液体之间的界面张力。将一个金属铂环放在液面（或界面）上与液体平行接触，将金属环从该液体中向上拉起，因表面张力的作用将形成一个环形液柱，如图 2-9-4 所示。将环拉离液面所需总拉力 P 等于液柱的重量，由液体表面张力、环的内径及外径所决定。

$$P=mg=2\pi R'\sigma+2\pi(R'+2r)\sigma=4\pi\sigma(R'+r)=4\pi R\sigma \qquad (2\text{-}9\text{-}9)$$

式中，m 为液柱质量；R' 为环的内半径；r 为铂丝半径；R 为环的平均半径，即 $R=R'+r$；σ 为液体的表面张力。

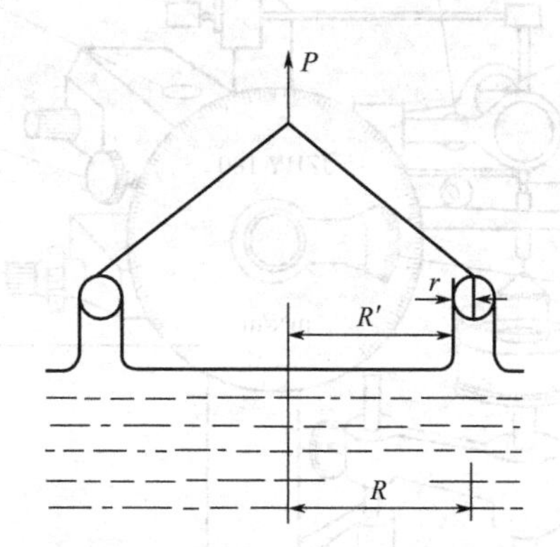

图 2-9-4　环圈法测表面张力的理想情况

实际上，因为被环拉起的液体并非理想的圆柱形，因此式(2-9-9) 必须乘上校正因子 F 才能得到正确结果。对于式(2-9-9) 的校正方程为

$$PF=4\pi R\sigma \qquad (2\text{-}9\text{-}10)$$

$$\sigma=\frac{PF}{4\pi R} \qquad (2\text{-}9\text{-}11)$$

实际的表面张力为

$$\sigma_{实际}=\sigma_{表观}F \tag{2-9-12}$$

校正因子 F 可由下式计算

$$F=0.7250+\sqrt{\frac{0.01452\sigma_{表观}}{L^2\rho}+0.04534-1.679\frac{r}{R}} \tag{2-9-13}$$

式中，L 为铂环周长（6cm）；ρ 为溶液密度；R 为铂环半径（0.955cm）；r 为铂丝半径（0.03cm）。

环圈法的优点是测量速度快、样品用量少、计算较简单，缺点是测量过程中液面振动难以避免，并且难以保证铂环与液面完全水平从而影响了测量的准确度，另外控制温度困难也是此法的一大缺点。

4. 仪器装置与试剂

JZHY-180 界面张力仪 1 台；样品杯 8 个；100mL 容量瓶 7 个，25mL 吸量管 1 支，5mL 吸量管 1 支，100mL 取液杯 1 个；洗瓶、滤纸。1mol/L 正丁醇溶液；铬酸洗液；纯水。

5. 实验步骤

（1）配制溶液。用 1mol/L 正丁醇溶液，在 100mL 容量瓶中配制浓度为 0.01、0.02、0.05、0.1、0.2、0.3、0.4mol/L 的正丁醇溶液（先计算 1mol/L 正丁醇溶液加入量填入表 2-9-1）。

表 2-9-1 正丁醇溶液配制

配制浓度/(mol/L)	0.01	0.02	0.05	0.1	0.2	0.3	0.4
1mol/L 正丁醇溶液加入量/mL							

（2）界面张力仪调节及使用方法。JZHY-180 界面张力仪（见图 2-9-5）使用方法介绍：

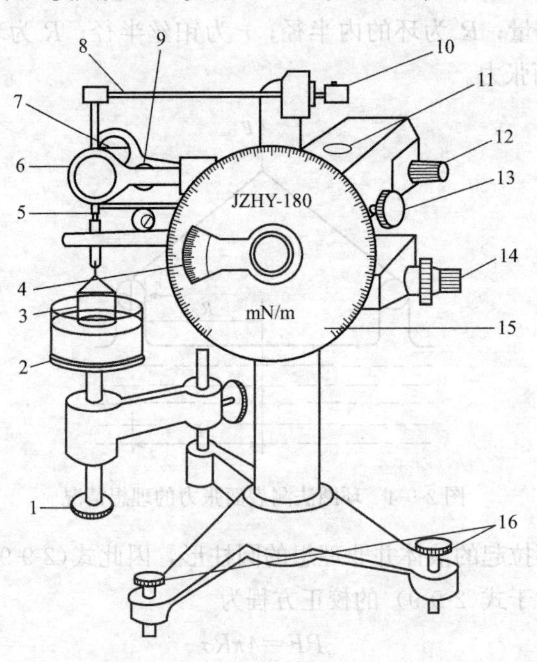

图 2-9-5 界面张力仪结构

1—调样品台旋钮；2—样品台；3—铂金丝环；4—游标；5—吊臂；6—放大镜；7—指针；8—横臂；9，13—制止器；10—游码；11—水准仪；12—微调；14—蜗轮把手；15—刻度盘；16—调水平旋钮

① 将界面张力仪放在平稳不受振动的地方，观察水准仪 11，同时调节旋钮 16，把仪器调至水平状态。

② 对仪器进行质量校正（此步由实验室完成）。

③ 测量前应将铂金环和盛液杯用洗液浸泡清洗，然后铂金环用纯水冲洗干净再用滤纸吸干，盛液杯用纯水冲洗干净再用待测液润洗备用。

④ 把臂的制止器 9 和 13 打开，旋转蜗轮把手 14 使刻度盘上游标指零。通过放大镜 6 观察吊臂上的指针 7 与反射镜上的红线是否重合。如果指针与红线重合，可以进行下一步测量，如果不重合，则旋转微调 12 进行调整。

⑤ 将待测液注入清洗干净的盛液杯中，高度约 20～25mm，用少量待测液润洗样品杯，然后注入该溶液，将样品杯置于样品台 2 上（操作过程中应特别小心，不要将样品杯碰到铂金环）。

⑥ 升高样品台 2，使铂金环进入液体约 2mm（注意：环与液面必须平行）。顺时针旋转样品台下的旋钮 1 降低样品台，使铂金环升到液体表面，然后同时旋转旋钮 1（顺时针）和蜗轮把手 14（逆时针）增加钢丝的扭力，保持吊臂上的指针与反射镜上的红线始终重合。此操作必须非常小心缓慢地进行，直到铂丝环离开液面为止，此时刻度盘上的读数为 $\sigma_{表观}$，反向旋转蜗轮把手 14 使游标反时针返回零，同时逆时针旋转旋钮 1 使样品台升高，铂金环回到液面。连续测量三次，取其平均值。

（3）表面张力测定。按上述方法用界面张力仪测定步骤（1）中不同浓度正丁醇溶液的表面张力（注意测量顺序应从稀到浓）。

6. 注意事项和说明

（1）测量时要十分小心，勿使铂金环变形，损坏。

（2）测量过程中，防止手指和不洁物接触清洗干净的铂金环。

（3）测量后应将游标逆时针旋转至零，切勿继续顺时针旋转至 360°，使扭丝受力，损坏仪器。

（4）测量不同浓度的溶液时应按照从稀到浓的顺序依次测量。

（5）整个实验过程中温度不应有较大变化。

7. 数据处理和结果

（1）记录实验数据，如表 2-9-2 所示。

表 2-9-2　不同浓度下正丁醇溶液表面张力

实验温度__________℃；大气压__________kPa

正丁醇摩尔质量__________

正丁醇密度__________

正丁醇浓度 /(mol/L)	仪器读数 $\sigma_{表观}$ /(mN/m)	$\sigma_{表观}$平均值 /(mN/m)	校正因子 F	$\sigma_{实际}=\sigma_{表观}F$ /(mN/m)

（2）作 $\sigma_{实际}$-c 图，在 $\sigma_{实际}$-c 图上任取若干点（5 个以上），分别作切线，求得其 Z 值。斜率变化较大的地方，切线可作得密些。

（3）由式(2-9-4) 求出各浓度下的吸附量 Γ 值，并求出$\frac{c}{\Gamma}$值。

（4）作 Γ-c 图，得 Gibbs 吸附等温线。Z 值及吸附量计算结果如表 2-9-3 所示。

表 2-9-3　Z 值及吸附量计算结果

正丁醇浓度 c/(mol/L)	Z 值/(mN/m)	吸附量 Γ/(mol/cm^2)	$\frac{c}{\Gamma}$/(cm^2/L)

（5）作$\frac{c}{\Gamma}$-c 图，得一直线，由直线斜率及截距求出 Γ_∞ 和 b，得 Langmuir 吸附等温式。

（6）计算表面层每个分子的截面积 A_0 和单分子层的厚度 δ。

8. 思考题

（1）测定正丁醇溶液表面张力之前是否要测量水的表面张力？为什么？

（2）温度对表面张力有何影响？为什么？

（3）本实验中，影响表面张力测定的因素有哪些？如何减小以至消除它们的影响？

参考文献

[1] 傅献彩，沈文霞等．物理化学．第 5 版．北京：高等教育出版社，2005.

[2] 物理化学实验编写组．北京科技大学物理化学实验讲义．第 4 版．北京：北京科技大学印刷厂，2010.

[3] 顾月姝．基础化学实验——物理化学实验．第 2 版．北京：化学工业出版社，2007.

[4] 北京大学物理化学教研室．物理化学实验．北京：北京大学出版社，1997.

实验 10　恒电流法测定铜在人造海水中腐蚀的极化曲线

1. 实验目的

（1）应用恒电势/恒电流仪学习测定极化曲线的方法。

（2）了解电化学法测定金属腐蚀速率的基本原理。

（3）加深对电极不可逆性的理解和对塔菲尔（Tafel）方程的理解。

2. 实验原理

当原电池放电或电解池充电过程在进行时，电极上便有电流通过。这时，原电池的端电压或电解池所需的外加电压都不再等于对应的可逆电池电动势，其电极电势也发生了变化，处在不可逆的状态下，我们将这种因有电流通过时，电极电势偏离原来平衡电势的现象称为电极的极化现象。极化的规律是，随电流增加阳极电极电势向正方向移动，阴极电极电势向负方向移动。描述通过的电流（或电流密度）与电极电势关系的曲线称为极化曲线。某一电流密度下的电极电势 φ 与没有净电流通过时的电势 φ_0 间的差值称为过电势（超电势）η。

$$|\eta|=\varphi-\varphi_0 \tag{2-10-1}$$

如果极化作用主要是由电化学极化引起的，当电流密度较大时，极化曲线服从塔菲尔方程

$$\eta=a+b\lg|j| \quad (2\text{-}10\text{-}2)$$

式中，η 为电化学超电势；j 是电流密度；a，b 是塔菲尔常数。

大部分金属的腐蚀作用本质上是失电子作用。金属铁在无氧气的酸性介质中的腐蚀反应为：

$$Fe+2H^+ \longrightarrow Fe^{2+}+H_2 \quad (2\text{-}10\text{-}3)$$

该反应可看作是由两个电极反应组成

$$Fe \longrightarrow Fe^{2+}+2e^- \quad (2\text{-}10\text{-}4)$$

$$2H^+ +2e^- \longrightarrow H_2 \quad (2\text{-}10\text{-}5)$$

它们同时发生在Fe/酸的界面上，故亦称反应（2-10-4）、反应（2-10-5）为“共轭反应”。因为如果没有其中之一，如反应（2-10-5），则另一反应，如反应（2-10-4），也不能持续进行。类似Fe/酸这样的电极亦称为“二重电极”。当铁电极没有和外电路接通时，是没有净电流 $j_{总}$ 流过的，但是在电极上的溶解过程仍然能发生。设此时铁氧化反应的阳极电流密度为 j_{Fe}，H^+ 放电为 H_2 的阴极电流密度为 j_H，必然有

$$j_{总}=j_{Fe}+j_H=0 \quad (2\text{-}10\text{-}6)$$

所以

$$j_{Fe}=-j_H \quad (2\text{-}10\text{-}7)$$

j_{Fe} 的大小就反映了铁在酸中的溶解速率即腐蚀速率，故有

$$|j_{Fe}|=|j_H|=j_{corr} \quad (2\text{-}10\text{-}8)$$

j_{corr} 亦称腐蚀电流密度。

通过测定反应(2-10-4)、反应(2-10-5)的极化曲线，来推求 $|j_{Fe}|=|j_H|$ 的值，从而即得 j_{corr}。维持 $j_{Fe}=-j_H$ 的电势是Fe/酸体系在没有净电流通过时Fe电极上存在的电势，称作静态（或稳态）电势，常称自腐蚀电势 φ_{corr}。它可以通过与参比电极如饱和甘汞电极组成的电池来测得。

图2-10-1是铁在硫酸溶液中的阴极极化曲线（φ_{corr}，ab 线）和阳极极化曲线（φ_{corr}，cd 线）示意图，图中 ab 线段和 cd 线段是直线，且电流密度绝对值较大，都服从Tafel方程，即

$$\eta_H=a_H+b_H\lg|j_H| \quad (ab\text{ 线段}) \quad (2\text{-}10\text{-}9)$$

$$\eta_{Fe}=a_{Fe}+b_{Fe}\lg|j_{Fe}| \quad (cd\text{ 线段}) \quad (2\text{-}10\text{-}10)$$

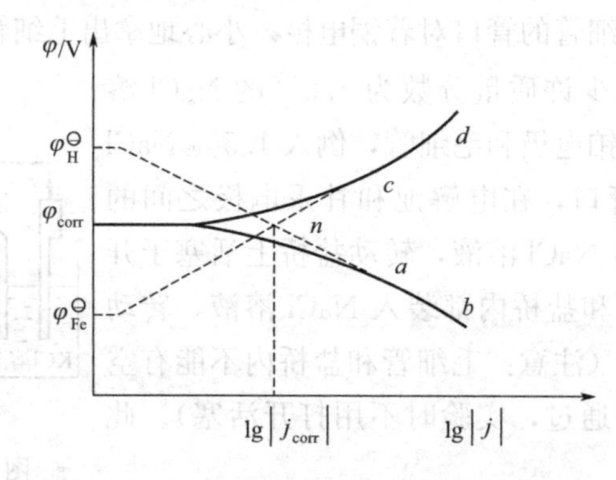

图2-10-1　极化曲线外延法测定金属腐蚀速率

ab 线的斜率是 b_H，cd 线的斜率是 b_{Fe}，将直线段 ba 与 dc 延长相交于 n 点，则 n 点必满足 $\lg|j_{Fe}|=\lg|j_H|$。

根据式(2-10-8) 可知，即得到 j_{corr} 值。

日常生活中大量遇到的金属腐蚀现象，往往是有氧存在且 pH 值接近中性的介质中，如潮湿空气中金属结构的腐蚀，海水对船体的腐蚀，埋在地下管道的腐蚀等，此时金属腐蚀过程的阴极共轭反应为溶解氧的还原反应

$$O_2+2H_2O+4e^- \longrightarrow 4OH^- \quad (2\text{-}10\text{-}11)$$

或

$$O_2+4H^++4e^- \longrightarrow 2H_2O \quad (2\text{-}10\text{-}12)$$

本实验是测量铜在近似人造海水中的阴、阳极极化曲线并计算腐蚀速率。将纯铜电极与作为辅助电极的铂电极（或采用石墨电极），一起插入质量分数为 1.5%的 NaCl 水溶液中(海水为质量分数 3.5%的 NaCl，为了减轻 Cu 的腐蚀，本实验中 NaCl 用量少一些)。若将铜极接外电源的负极，则在 Cu 上进行 O_2 的还原反应。为了测出 Cu/NaCl 溶液在极化下的电极电势，可将 Cu 与饱和甘汞电极组成原电池，应用“恒电势/恒电流”仪，测出某极化电流下的“Cu-甘汞”电池的电动势。Cu 电极、铂电极和饱和甘汞电极组成三电极体系。在不同的阴极电流密度 $j_{阴}$ 下测量，可得到相应的 Cu 极电势 $\varphi_{阴}$（因甘汞电极电势为已知)，以 $\varphi_{阴}$ 对 $\lg j_{阴}$ 作图得 Cu 的阴极极化曲线。若将 Cu 接外电源的正极，以同样方法可得 Cu 的阳极极化曲线。

从实验可知，Cu 的阳极极化曲线在电流密度绝对值较大时，服从 Tafel 方程：

$$\eta_{Cu}=a_{Cu}+b_{Cu}\lg|j|$$

即阳极极化曲线的直线段的斜率是 b_{Cu}，而 Cu 的阴极极化曲线近似于一水平线，这是因为溶解氧量很少的缘故。由阳极极化曲线上的直线段外延到阴极极化曲线上的交点 n，必满足 $\lg|j_{Cu}|=\lg|j_{O_2}|$，所对应的电流密度即为 j_{corr}。

3. 仪器装置与试剂

EG&G M363 恒电势/恒电流仪 1 台；液晶显示万用电表 1 台；电解池 1 套：包括铜电极 1 支（面积为 1cm²)，铂电极 1 支，甘汞电极 1 支，鲁金毛细管 1 支。

饱和 KCl 盐桥，饱和 KCl 溶液，质量分数 1.5%的 NaCl 水溶液。

4. 实验步骤

(1) 电解池准备工作。小心仔细地观察电解池构造：看清铂电极、鲁金毛细管带盐桥、铜电极的位置等，鲁金毛细管的管口对着铜电极。小心地拿出毛细管、铂电极及插铜电极的橡皮塞，向电解池中倒入少许质量分数为 1.5%的 NaCl 溶液，荡洗两次，然后插入铂电极和毛细管，倒入 1.5% NaCl 溶液直至漫过鲁金毛细管口，在电解池和甘汞电极之间的“中间试管”也倒入 1.5% NaCl 溶液，转动盐桥上活塞于开通状，用洗耳球将毛细管和盐桥内都装入 NaCl 溶液，转动活塞于关闭状，待实验用（注意：毛细管和盐桥内不能有空气泡。磨口活塞可使离子通过，实验时不用打开活塞)。此装置见图 2-10-2。

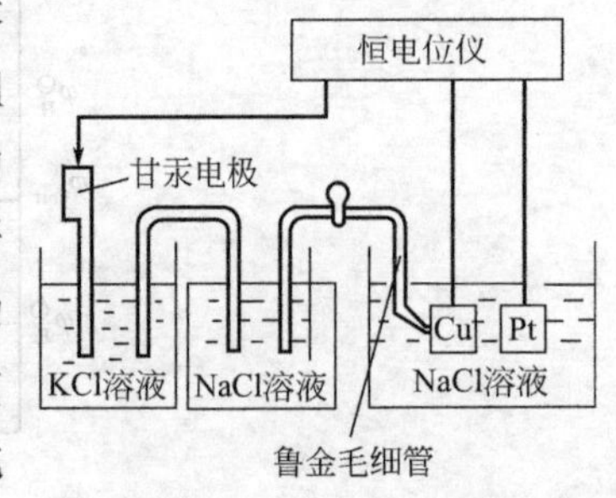

图 2-10-2 极化曲线测定装置示意图

(2) 电极处理。将 Cu 电极在砂纸上磨光，自来水冲洗

干净，滤纸吸干水分，再用酒精棉球擦拭，放置于干燥滤纸上待用。

（3）恒电势/恒电流仪准备工作。将磨光的铜电极装入电解池中，恒电势仪上“CELL”推钮在“OFF”状态。将“CELL”电缆线上的绿夹和灰夹都接在铜电极上，红夹接铂电极上，白夹接甘汞电极。“E MONTOR”与万用电表相接（这是电动势输出）。万用电表上按下“V”挡。

（4）测自腐蚀电势。恒电势仪与外电源相接，“CELL”仍在“OFF”。“MODE”钮设置CONT I状态（推进去）。“METER”钮设置E（推进去）。设置“电流范围”为1μA。将“电势/电流”左方的推钮置为负（—），“POWER”开，调节“电势/电流”显示屏下方的旋钮，使“电势/电流”显示屏上为“0.000”，如图2-10-3所示。万用表上可见电压值显示出来，即为Cu在NaCl中的自腐蚀电势。注意：调节左上角“电势/电流”旋钮时，当调小至“0.000”时要慢，否则，一下会变到“9.000”，则电流、电压过载灯亮（过载灯的位置在面板的右上角）。“CELL”推钮若在“ON”状态，上述条件下，万用表输出电压值仍是同样数据。

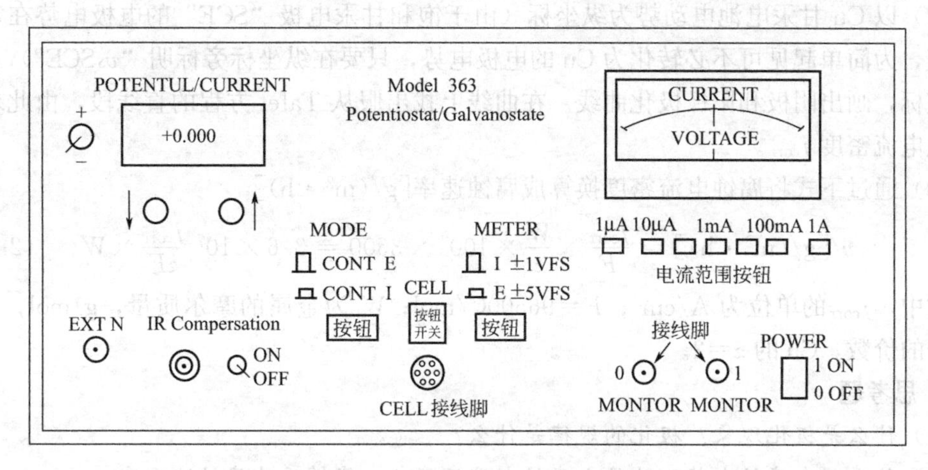

图2-10-3 M363恒电势仪面板图

（5）测阴极极化曲线。即在恒定电流值下测“Cu-甘汞”电池电动势。如步骤（4）设置，仅变动“CELL”按钮为“ON”（注意：当“CELL”钮设定为“ON”之前，一定要检查一下夹在三个电极上的鳄鱼夹是否牢固，整个装置都要呈通路状态，否则仪器会烧坏）。设定“电势/电流”为0.200，相应的电流即为0.20μA（因为电流范围是1μA）。记下相应的万用表上输出的端电压值。变动“电流范围”挡为10μA，使“电势/电流”分别为0.200，0.500，1.000，则相应的电流为2μA，5μA，10μA；将“电势/电流”旋钮返回到0.200，再调“电流范围”为100μA（注意，此顺序不要颠倒，请思考为什么?）。依次再调“电势/电流”为0.500，1.00，记下端电压值。如此进行实验，至“电流范围”挡在100mA上，恒定电流为100mA，测出电压值。做完后，切记应将“CELL”回到“OFF”，再将“电流范围”回到1μA，“电势/电流”回到0.200，以便下面测量阳极极化曲线。

（6）测阳极极化曲线。将“电势/电流”左方推钮置为正（+），等待2min，记下万用表上电压值。“CELL”到“ON”，如测阴极极化曲线那样进行测定。但因阳极极化较明显，故在一个“电流范围”挡下，将“电势/电流”旋钮依0.200，0.400，0.600，0.800，1.000测量。注意，最终直到10mA挡10mA电流即可。

测完数据将“CELL”置“OFF”。“电流范围”回到1μA，“电势/电流”回到0.100左右。关闭“POWER”，接线板上电源插头拔下。

5. 数据处理和结果

（1）分别列出阴极极化曲线和阳极极化曲线的数据，如表 2-10-1 所示。

表 2-10-1 Cu 在人造海水中腐蚀阴极、阳极极化曲线数据

电势/电流	电流范围	电流密度 $j/(A/cm^2)$	$\lg j$	Cu-甘汞电池电动势/V

（2）以 Cu-甘汞电池电动势为纵坐标（由于饱和甘汞电极“SCE”的电极电势在定温下为定值，为简单起见可不必转化为 Cu 的电极电势，只要在纵坐标旁标明“*vs*SCE”），以 $\lg j$ 为横坐标，画出阴极和阳极极化曲线。在曲线上找出服从 Tafel 方程的直线段，由此求出最大腐蚀电流密度 j_{corr}。

（3）通过下式将腐蚀电流密度换算成腐蚀速率[$g/(m^2 \cdot h)$]

$$v/[g/(m^2 \cdot h)] = \frac{j_{corr}}{F} \times \frac{W}{z} \times 100^2 \times 3600 = 3.6 \times 10^7 \frac{j_{corr}}{zF} \times W \qquad (2\text{-}10\text{-}13)$$

式中，j_{corr} 的单位为 A/cm^2；$F=96500C/mol$；W 为金属的摩尔质量，g/mol；z 为金属离子的价数，Cu 的 $z=2$。

6. 思考题

（1）什么是极化现象？极化的规律是什么？

（2）什么叫自腐蚀电势？为什么腐蚀电流密度 j_{corr} 能够反映腐蚀速率？

参考文献

[1] 物理化学实验编写组．北京科技大学物理化学实验讲义．第 4 版．北京：北京科技大学印刷厂，2010.

[2] 胡英主编．物理化学（下册）．北京：高等教育出版社，2004.

[3] Bard A J and Faulkner L R. Electrochemical Methods：Fundmentals and Applications，second ed.，Wiley，New York，2001.

实验 11 燃烧焓的测定

1. 实验目的

（1）使用弹式量热计测定萘的燃烧焓。

（2）了解量热计的结构，掌握其使用方法。

（3）学习雷诺图解法校正温度的变化量。

2. 实验原理

量热法是热力学实验的重要方法之一，也是热力学数据的主要来源之一。

在指定温度、压力、不做非体积功条件下，1mol 物质在 O_2 中完全燃烧后的焓变，称为该物质的摩尔燃烧焓，记为 $\Delta_c H_m$，下标“c”表示燃烧，单位常用 kJ/mol。燃烧产物规定

为 $CO_2(g)$，$H_2O(l)$，$SO_2(g)$，$N_2(g)$ 等，它们的燃烧焓都等于零。由于在上述条件下，$\Delta H = Q_p$，因此 $\Delta_c H_m$ 也称为该物质的摩尔恒压燃烧焓（热）。

在实际测量中，有的燃烧反应是在恒容条件下进行（如在氧弹量热计中测定燃烧热），这种方法测得的是反应的恒容热 Q_V（即燃烧反应的恒容燃烧热 $\Delta_c U_m$）。对于任意反应 $0 = \sum_B \nu_B B$，若反应系统中的气体物质均可视为理想气体，根据热力学推导 $\Delta_c H_m$ 和 $\Delta_c U_m$ 的关系为

$$\Delta_c H_m = \Delta_c U_m + RT \sum_B \nu_B B(g) \tag{2-11-1}$$

式中，T 表示反应温度；$\Delta_c H_m$ 表示摩尔恒压燃烧焓（热）；$\Delta_c U_m$ 表示摩尔恒容燃烧热；$\nu_B(g)$ 表示燃烧反应中各气体物质的化学计量数，规定反应物取负值，产物取正值。

通过实验测得 $\Delta_c U_m$ 值，根据上式就可计算出 $\Delta_c H_m$，即摩尔燃烧焓。

测量反应热的仪器称为量热计。量热计的种类有很多。本实验中所用的氧弹式量热计，属于恒容式量热计。测量基本原理是将一定量的被测样品放入密闭氧弹内，充入足够量的氧气；氧弹放入装有一定量水的盛水桶中，盖好桶盖。水桶外是空气隔热层，再外面是温度恒定的水夹套。这样，盛水桶连同其中的氧弹、测温器件、搅拌器和水便近似构成一个绝热系统。通过数显温度计，量热计处理器控制搅拌并实现燃烧点火，使样品在体积固定的氧弹中完全燃烧，放出的热量使量热计本身（即氧弹、盛水桶、搅拌器及温度计等）及其周围介质（水桶中的水）温度升高。通过测量量热计及介质在燃烧前后的温度变化，即可求出样品的 $\Delta_c U_m$。

当某样品连同引火金属线燃烧后，并考虑燃烧过程中氮气的氧化，建立如下热平衡关系式

$$-\sum_B \frac{w_B}{M_B} \Delta_c U_{m,B} + 5.98V = K\Delta T \tag{2-11-2}$$

式中，w_B 表示物质B的质量，kg；M_B 表示物质B的摩尔质量，kg/mol；$\Delta_c U_{m,B}$ 表示物质B的摩尔恒容燃烧热，J/mol；5.98 表示相当于 1mL 0.1mol/L 氢氧化钠溶液的硝酸的生成热和溶解热，J/mL；V 表示滴定洗弹液所消耗的 0.1mol/L 氢氧化钠溶液的体积数；K 表示量热计（包括所有盛水桶中的物质）的热容，也称能当量或水当量，即量热计温度升高1℃相当于 K 克水升高 1℃所需的热量，J/K；ΔT 表示样品燃烧前后量热计的真实温差，K。

由式(2-11-2) 可知，要测得样品的 $\Delta_c H_m$ 值，必须先测定 K 值。一般用已知燃烧热的物质（如苯甲酸）来标定。苯甲酸的摩尔恒容燃烧热为－3234kJ/mol（25℃）。测得 K 值后，就可以利用式(2-11-2) 由实验测定其他物质的 $\Delta_c U_m$，再由式(2-11-1) 得到待测样品的摩尔燃烧焓 $\Delta_c H_m$。

氧弹式量热计和氧弹的结构如图 2-11-1 和图 2-11-2 所示。

图 2-11-2 中，氧气通过阀门 1 和充气管 2 进入氧弹，燃烧后的废气由放气阀门 5 放出，电极 4 是和弹头绝缘的，充气阀门 1 和充气管 2 共同作为另一个电极。弹头和弹体的密封是通过一个橡皮垫圈和一个金属垫圈共同实现的。向氧弹内充氧时导致弹内压力增大，橡皮垫圈被压紧而产生弹性形变，确保了弹头和弹体的气密性。燃烧挡板 8 是为了防止样品燃烧时产生的火焰直接喷向弹头，火焰经过挡板反射，热量被均匀分布于弹体内。

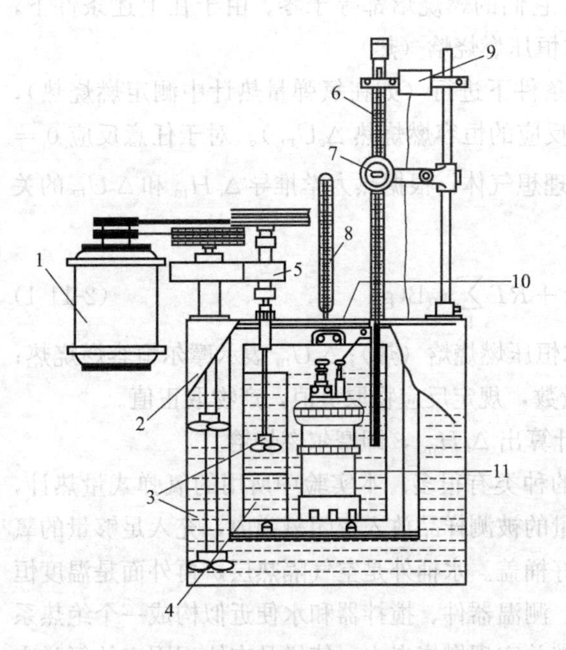

图 2-11-1　氧弹式量热计示意图

1—搅拌电动机；2—外壳；3—搅拌器；4—量热容器；5—绝热支柱；6—数显温度计；7，9—支架；8—工业用玻璃套温度计；10—盖子；11—氧弹

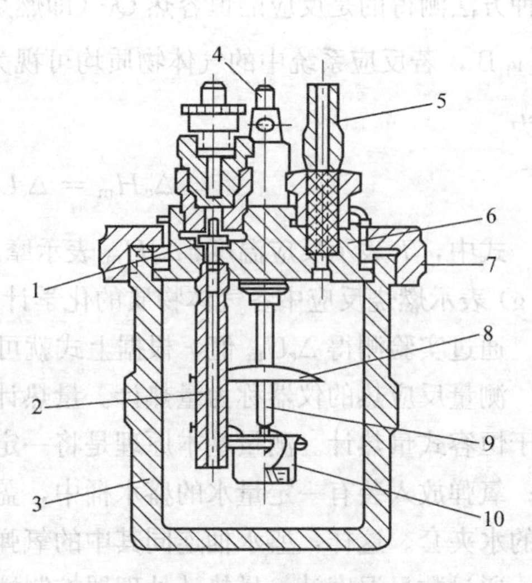

图 2-11-2　氧弹示意图

1—充气阀门；2—充气管；3—弹体圆筒；4—电极；5—放气阀门；6—弹盖；7—螺帽；8—燃烧挡板；9—坩埚架；10—坩埚

要准确测量燃烧热，关键是样品必须完全燃烧，并且使燃烧后放出的热量不消耗，不与周围环境发生热交换，尽可能全部传递给量热计本身和盛水桶中的水，促使其温度升高。本实验采用的氧弹量热计是环境恒温式量热计，即量热计放在一恒温的水夹套中（水夹套中的水近似为恒温的环境），以减少量热计与环境的热交换。由于实际上量热计并非严格的绝热体系，其热量得失称为热漏。热漏是无法完全避免的，因热漏造成的热量损耗，使燃烧前后测得的温度差值不是真实的温度差值，必须经过校正。本实验采用雷诺作图法进行校正，方法如下。

当适量被测样品完全燃烧后，将燃烧前后观测的温度对时间作图，得 $abcd$ 曲线，如图 2-11-3 所示。图中，b 点相当于开始燃烧温度，c 点为观测到的燃烧最高温度；由于量热计和环境的热量交换，曲线 ab 和 cd 段常发生倾斜。取 b 点所对应的温度 T_1，c 点所对应的温度 T_2，其温度算术平均值为 T。过 T 点作横坐标的平行线 TO，与曲线交于 O 点。然后过 O 点作垂直线 AB，分别与 ab 线和 cd 线切线的延长线交于 E、F 点，则 E、F 两点间的温度差即为所求的温度差 ΔT。

3. 仪器装置与试剂

氧弹量热计（包括处理器）1 套；压片机 1 台；氧弹头托架 1 个；氧气瓶 1 个；气瓶减压器 1 个；工业用玻璃套温度计 1 支；分析天平；台秤（公用）1 个；2000mL 容量瓶 1 个；1000mL 容量瓶 1 个；10mL 移液管 1 支；引火金属丝；剪刀；毛巾、滤纸。

苯甲酸（分析纯）；萘（分析纯）；蒸馏水。

4. 实验步骤

（1）量热计热容 K 的测定。

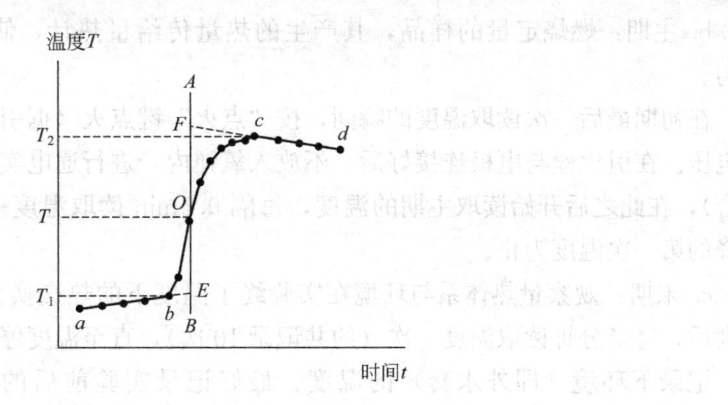

图 2-11-3 燃烧前后温度与时间关系示意图

① 样品准备：将引火金属丝剪成长度约 100mm 的线段（长度依据氧弹内部构造和引火系统确定），用分析天平准确称重。

用台秤称取 1.0～1.2g 苯甲酸，在压片机上压成片状（注意：样品片的松紧程度要合适，不要太松，也不要太紧。为什么?）；轻轻去掉黏附在表面上的粉末，用分析天平准确称量后待用。

② 装置氧弹：拧开氧弹盖，放在氧弹头托架上；用毛巾、滤纸将弹筒擦干净，用移液管取 10mL 的蒸馏水置于氧弹中；把盛有苯甲酸的坩埚固定在坩埚架上；再将一根引火丝的两端固定在两个电极上，其中段放在苯甲酸片上；用万用表检查两电极是否通路；引火丝勿接触坩埚（可预先检查）；拧紧氧弹盖。

③ 氧弹充氧气：先拧下氧弹充气阀门上的螺帽；接上气体减压器上的导管，并关闭气瓶减压阀门（即手柄逆时针旋松）；打开气瓶阀门，此时表所指示的压力为氧气瓶内的氧气压力；慢慢打开减压阀门（即手柄顺时针旋紧），同时打开氧弹的放气阀门，以排除氧弹内的空气；待空气排除后，随即拧紧氧弹的放气阀门，再继续慢慢打开减压阀门，看到减压表指示压力渐渐上升，直到氧弹内压力到 2.8～3.0MPa（注意充气时要慢）。

旋松减压阀门（即关闭），再松开氧弹上的气体导管，装上氧弹充气阀门上的螺帽并拧紧；关闭氧气瓶阀门，旋紧减压阀门，放出减压表中的剩余气体，再关闭减压阀门，全部复原。

用万用表再检查氧弹的两电极是否通路，并检查氧弹是否漏气。否则必须查找原因，重新对氧弹进行组装，没有问题后方可进行以下实验。

④ 装置量热计：用容量瓶准确量取蒸馏水 3000mL，顺桶壁倒入盛水桶中；将充有氧气的氧弹放入盛水桶中；将处理器的电极导线分别与氧弹的两电极连接；蒸馏水的温度根据室温和恒温外套（外桶）水温来调整，在测定开始时外桶水温与室温的温差不得超过 0.5℃。

检查搅拌器是否与器壁等摩擦；将数显温度计探头插入盛水桶中，盖好盖子。

按下处理器面板上的“电源”开关，计时与温度应均显示正常；按下“搅拌”键，搅拌器开始工作；按下“时间”键，计时间隔将在 1min 和 0.5min 之间转换选择；当仪器显示出现异常或需要计时清零时，用“复位”键；“点火”键实现自动点火并经延时断开。

⑤ 燃烧与测量温度：反应分如下三个阶段：

a. 初期：样品燃烧以前的阶段。此阶段观测并记录环境与量热体系在实验开始温度下的热交换关系。每隔 1min 读取温度 1 次，共记录 6 次，得到 5 个温度差。

b. 主期：燃烧定量的样品，其产生的热量传给量热计，使量热计各部分的温度达到均匀。

在初期最后一次读取温度的瞬间，按“点火”键点火（据引火丝的粗细实验确定点火时的电压。在引火丝与电极连接好后，不放入氧弹内，进行通电实验，以引火丝发热而不断为适合），在此之后开始读取主期的温度，每隔 0.5min 读取温度一次，直到温度不再上升而下降的第一次温度为止。

c. 末期：观察量热体系与环境在实验终了温度下的热交换关系。在主期读取最后一次温度后，每半分钟读取温度一次（约共记录 10 次），直至温度停止下降。

记录下环境（即外水套）的温度。最好记录实验前后的温度，若有变化，则取平均值。

⑥ 停止观察温度：关闭“搅拌”和“电源”，从量热计中取出氧弹，将外部擦干；缓慢打开放气阀，在 5min 左右放尽气体；拧开并取下氧弹盖，放于弹头托架上（注意：取出氧弹后，一定先打开放气阀门，慢慢放干净气体后，才能打开弹盖），观察样品是否燃烧完全。若发现弹内有黑烟或未燃尽的试样微粒，则说明样品燃烧不完全，实验失败，应当重新做。燃烧不完全的原因可能有：样品量太多、氧气压力不足、氧弹漏气、样品太湿等。若样品燃烧完全，则用分析天平称量未燃完的引火丝的质量。

用热蒸馏水洗涤弹内各部分、坩埚以及进气阀，将全部洗弹液和坩埚中的物质收集后置于洁净的烧杯中，洗弹液的量应为 150～200mL。

将盛洗弹液的烧杯加盖微沸 5min，滴加两滴 1%酚酞作为指示剂，以 0.1mol/L 氢氧化钠溶液滴定至呈现粉红色并保持 15s 不变。

⑦ 整理仪器：用干布将氧弹内外表面和弹盖拭净，尽可能用热风将弹盖及零件等吹干或风干。将盛水桶中的水倒回蒸馏瓶中，用毛巾、滤纸擦干仪器及整理好，待下步实验用。

(2) 测量萘的摩尔燃烧焓。用台秤称取 0.6g 左右的萘，用上述方法、步骤测量萘的燃烧焓。

(3) 实验结束。将全部仪器洗净、擦干，整理如前，实验结束。

5. 数据处理和结果

(1) 将实验数据分别记录于表 2-11-1 和表 2-11-2 中。

(2) 用雷诺图解法求出苯甲酸燃烧引起的温度变化值 ΔT。再由已知的苯甲酸摩尔燃烧内能变值和引火丝的摩尔燃烧内能变值，根据式(2-11-2) 求出量热计的热容 K。

(3) 用雷诺图解法求出萘燃烧引起的温度变化值 ΔT。再由计算求得的量热计热容值，根据式(2-11-2) 求出萘的摩尔恒容燃烧热，由式(2-11-1) 即可得到萘的摩尔燃烧焓，并与文献值比较其误差（萘在 1 个大气压、25℃时的文献值为－5154kJ/mol）。

表 2-11-1 量热计的热容测定

室温：＿＿＿＿＿＿ 大气压力：＿＿＿＿＿＿

苯甲酸质量/g	引火丝质量/g	剩余引火丝质量/g	外水套温度/℃

续表

温度观察					
时间/min	温度/℃	时间/min	温度/℃	时间/min	温度/℃
0 1 2 3 4 5 （点火）		5.5 6.0 6.5 7.0 ⋮			

表 2-11-2 萘燃烧焓的测定

萘质量/g	引火丝质量/g	引火丝质量/g	外水套温度/℃

温度观察					
时间/min	温度/℃	时间/min	温度/℃	时间/min	温度/℃
0 1 2 3 4 5 （点火）		5.5 6.0 6.5 7.0 ⋮			

6. 思考题

（1）在本实验中应当如何考虑体系与环境？

（2）实验中引火丝及硝酸的生成对结果有何影响？如何校正？

（3）氧弹充入的氧气压力是否需要固定？对燃烧热有何影响？

（4）实验测得的温度差（指直接读出的最高最低温度差），为什么要用雷诺作图法校正？

参考文献

[1] 傅献彩，沈文霞，姚天扬．物理化学．北京：高等教育出版社，1990.

[2] 徐家宁，朱万春，张忆华，张寒琦．基础化学实验（下册）．北京：高等教育出版社，2006.

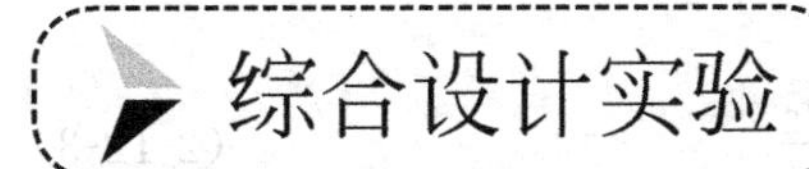

实验 12 乙醇物性测定

1. 实验目的

（1）掌握比重瓶法测定液体密度的方法。

（2）掌握奥氏黏度计使用方法，测定乙醇黏度。

（3）理解偏摩尔量的物理意义，用比重瓶测定乙醇-水溶液密度，并求出一定浓度下各组分的偏摩尔体积。

2. 实验原理

（1）密度。密度定义为单位体积的质量。用字母 ρ 表示，其单位为 kg/m^3。

物质的密度与其本性有关，且受外界条件（如温度、压力）的影响而变化。压力对固体及液体密度的影响一般情况下可以忽略不计，但温度对密度的影响不能忽略。所以，在表示密度时，应同时标明温度。

物质的密度与某种参考物质密度的比值称为相对密度，在一定条件下，可以通过参考物质的密度，将相对密度换算成密度。

用比重瓶法测定液体密度时可用下式计算：

$$\rho=\frac{m_1-m_0}{m_2-m_0}\times\rho_2 \tag{2-12-1}$$

式中，m_0 为比重瓶质量；m_1 为待测液体质量与比重瓶质量之和；m_2 为标准液体质量与比重瓶质量之和；ρ_2 为标准液体密度。

可以通过密度的测定来鉴定化合物的纯度，也可以通过密度的测定区别密度不同而组成相似的化合物。

（2）黏度。相邻液层以不同速度运动时所存在的内摩擦力用液体黏度来度量。对于牛顿流体实验室常用玻璃毛细管黏度计测量其黏度。

液体的黏度，一般用黏度系数（俗称黏度）η 表示，单位是 Pa·s，其物理意义是，单位液层以单位速度流过相隔单位距离的固定液层所受的内摩擦力。若液体在管中流动，则可用下式计算

$$\eta=\frac{\pi r^4 pt}{8Vl} \tag{2-12-2}$$

式中，V 为在时间 t 内流经毛细管的液体体积；p 为管两端的压力差；r 为毛细管半径；l 为毛细管长度。

由于 p 的测定十分复杂，且毛细管内径不够均匀，r 不易测准，因此通过上式测定液体绝对黏度非常困难。一般可以通过测定液体对标准液（本实验为水）的相对黏度来实现。

当两种液体在自身重力作用下，分别流经同一支黏度计的毛细管且流过的液体体积相等时，待测液体黏度 η_1 和标准液体黏度 η_2 分别为

$$\eta_1=\frac{\pi r^4 p_1 t_1}{8Vl} \qquad \eta_2=\frac{\pi r^4 p_2 t_2}{8Vl} \tag{2-12-3}$$

由于黏度计毛细管直径 r 相等，流经液体的体积 V 也相等，因此得到

$$\frac{\eta_1}{\eta_2}=\frac{p_1 t_1}{p_2 t_2} \tag{2-12-4}$$

式中，$p=hg\rho$，h 为推动液体流动的液位差，ρ 为液体密度，g 为重力加速度。因此得出

$$\frac{\eta_1}{\eta_2}=\frac{\rho_1 t_1}{\rho_2 t_2}$$

$$\eta_1=\frac{\rho_1 t_1}{\rho_2 t_2}\eta_2 \tag{2-12-5}$$

(3) 溶液偏摩尔体积。对于 A、B 二组元体系，偏摩尔体积可以理解为 1mol 物质 A 在一定温度、压力下对一定浓度溶液总体积的贡献，定义为

$$V_{Am}=\left(\frac{\partial V}{\partial n_A}\right)_{T,p,n_B} \tag{2-12-6}$$

$$V_{Bm}=\left(\frac{\partial V}{\partial n_B}\right)_{T,p,n_A} \tag{2-12-7}$$

体系总体积

$$V=n_A V_{Am}+n_B V_{Bm} \tag{2-12-8}$$

3. 仪器装置与试剂

恒温设备 1 套；10mL 比重瓶 1 个，50mL 烧杯 2 个，奥氏黏度计 1 支，分析天平，秒表 1 只，10mL 移液管 2 支，洗耳球 1 个。

蒸馏水，无水乙醇。

4. 实验步骤

(1) 乙醇黏度测定。根据所测溶液黏度的大小可选用不同的黏度计。本实验选用奥氏黏度计，适用于测定低黏度液体的相对黏度，其结构如图 2-12-1 所示，其中 A 为盛液球，B 为毛细管，a、b 分别为确定体积的上下刻度线。

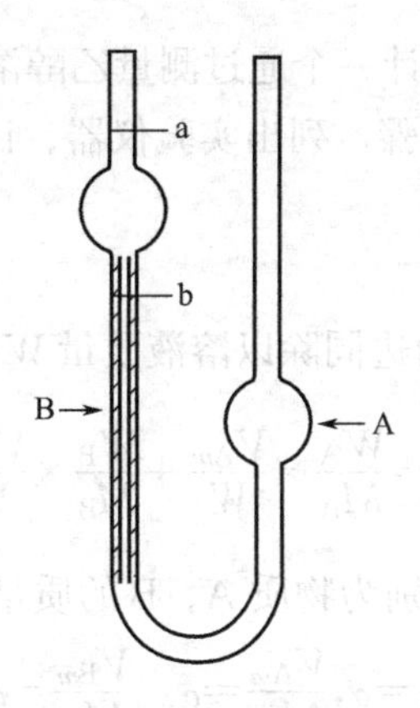

图 2-12-1　奥式黏度计

① 将蒸馏水及无水乙醇放入 (25±0.1)℃恒温槽恒温 10min。

② 将黏度计洗净干燥（实验前准备好)。

③ 用移液管吸取 10.00mL 无水乙醇放入黏度计盛液球 A 中。

④ 用洗耳球从 A 侧管口慢慢将溶液压过刻度 a(切勿将溶液吹出黏度计)。保持黏度计垂直，放开洗耳球，当溶液流至刻度 a 时立即开启秒表，流至刻度 b 时立即停止秒表，记录流经时间 t_1，重复测量 3 次（不必更换溶液)。

⑤ 将乙醇倒出，小心甩干余下的液体，并干燥。

⑥ 将干燥的黏度计，加入 10.00mL、25℃蒸馏水，重复步骤③、④，测定蒸馏水的流经时间 t_2。

（2）乙醇密度测定。

① 调节恒温水浴温度为（25.0±0.1）℃。

② 将比重瓶（见图 2-12-2）洗净干燥，在分析天平上称重为 m_0。然后向瓶中加满无水乙醇，盖上瓶塞，让瓶内液体从毛细管口溢出（瓶内及毛细管中均不能有气泡存在），然后将密度瓶放入小烧杯中，向烧杯中加水至瓶颈以下，放入恒温槽恒温 10min。将比重瓶从恒温槽中取出（只可拿瓶颈处），迅速用滤纸吸去毛细管口及外壁的液体，准确称量得 m_1，平行测量两次。

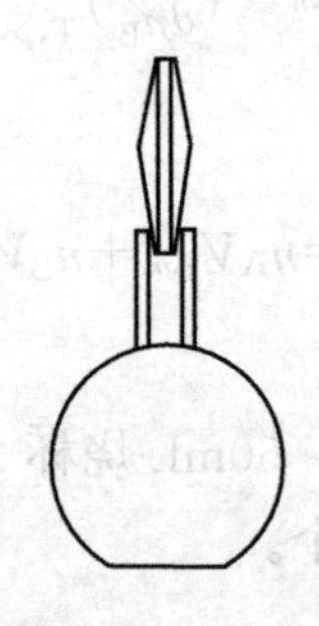

图 2-12-2　比重瓶

③ 将比重瓶干燥，向瓶中加满蒸馏水（注意必须使用同一套比重瓶），按照②中的方法恒温并称量得 m_2。

（3）乙醇溶液偏摩尔体积测定（设计）。

① 设计要求。

a. 根据偏摩尔体积的定义，设计一个通过测量乙醇溶液密度确定偏摩尔体积的方法；

b. 确定实验方案，写出实验步骤，列出实验仪器、试剂、用品；

c. 设计实验数据记录表；

d. 列出参考文献。

② 设计提示。将式(2-12-8) 两边同除以溶液质量 W

$$\frac{V}{W}=\frac{W_A}{M_A}\times\frac{V_{Am}}{W}+\frac{W_B}{M_B}\times\frac{V_{Bm}}{W} \tag{2-12-9}$$

式中，W_A、W_B、M_A、M_B 分别为物质 A、B 的质量和摩尔质量。如果令

$$\frac{V}{W}=\alpha,\frac{V_{Am}}{M_A}=\alpha_A,\frac{V_{Bm}}{M_B}=\alpha_B \tag{2-12-10}$$

α 是溶液的比容（即密度的倒数），将式(2-12-10) 代入式(2-12-9)，则有

$$\alpha=W_A\%\alpha_A+W_B\%\alpha_B=(1-W_B\%)\alpha_A+W_B\%\alpha_B \tag{2-12-11}$$

图 2-12-3 为溶液的比容 α 与质量分数 $W_B\%$的关系图。过已知点 M 作切线，由式(2-12-11) 和图 2-12-3 可以看出，切线斜率即为

$$\frac{\partial\alpha}{\partial W_B\%}=-\alpha_A+\alpha_B \tag{2-12-12}$$

③ 实验要求。

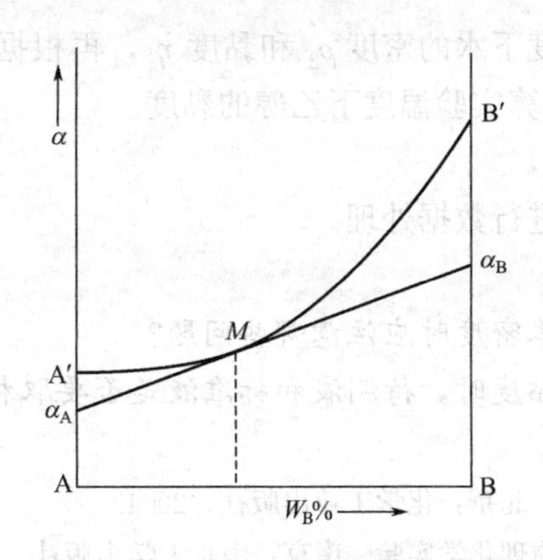

图 2-12-3　比容-质量分数关系图

a. 按照设计要求提交设计报告；

b. 按照合理的实验步骤完成实验；

c. 正确记录实验数据；

d. 绘制乙醇水溶液比容-质量分数关系图；

e. 由图求出质量分数为 30％的乙醇水溶液中各组分的偏摩尔体积及 100g 该溶液的总体积。

5. 数据处理和结果

实验温度：实验前____________

实验后____________　　平均值____________

大气压：实验前____________ 实验后____________ 平均值____________

(1) 密度（见表 2-12-1）

查出实验温度下水的密度 ρ_2，通过式(2-12-1) 计算实验温度下乙醇的密度。

表 2-12-1　密度测定数据表

m_0/g	m_1/g			m_2/g			ρ_2/(kg/m^3)
	1	2	平均	1	2	平均	

(2) 黏度（见表 2-12-2）

表 2-12-2　黏度测定数据表

测定次数	1	2	3	平均
乙醇流经时间 t_1/s				
蒸馏水流经时间 t_2/s				
乙醇密度 ρ_1/(kg/m^3)				
纯水密度 ρ_2/(kg/m^3)				
纯水黏度 η_2/10^{-3}Pa · s				
乙醇黏度 η_1/10^{-3}Pa · s				

根据实验温度查出该温度下水的密度 ρ_2 和黏度 η_2，再根据前面数据处理结果得出的乙醇密度 ρ_1 通过式(2-12-5) 计算实验温度下乙醇的黏度。

(3) 偏摩尔体积

照设计要求和实验要求进行数据处理。

6. 思考题

(1) 使用比重瓶测定液体密度时应注意哪些问题?

(2) 用奥式黏度计测定黏度时，待测液和标准液是否要取相同体积？为什么？

参考文献

[1] 山东大学等．物理化学实验．北京：化学工业出版社，2004.
[2] 孙尔康，徐维清，邱金恒．物理化学实验．南京：南京大学出版社，1998.
[3] 华南理工大学物理化学教研室．物理化学实验．广州：华南理工大学出版社，2003.

实验 13　弱电解质的电导

(一) 电导和电离平衡

1. 实验目的

(1) 加强对离子电导、电离度、电离平衡等概念及相关理论的理解。

(2) 了解弱电解质的电导率测定方法。

(3) 学习设计实验，并从中发现问题、解决问题。

2. 设计任务

设计实验步骤，考查醋酸-HAc(aq) 这一弱电解质溶液的电导率 κ、摩尔电导率 Λ_m、电离度 α、电离平衡常数 K 及其与浓度和温度的关系。

3. 实验原理

电解质溶液具有导电性，其导电性可以由电导 G 来表征，G 为电阻的倒数，单位为 S，与 Ω^{-1} 等价。与电阻一样，电导值与待测物质的参数（导体的面积和导体的长度）有关，为了排除这种影响，通常选取单位面积、单位长度时的电导值，即电导率或比电导 κ 作为相互比较依据，电导率为电阻率的倒数，单位为 S/m，即

$$\kappa = G\frac{l}{A} \tag{2-13-1}$$

式中，A 为导体的面积，m^2；l 为导体的长度，m。

对于电解质溶液，除上述影响因素之外，其导电性质还与溶液的物质的量浓度 c 即电解质的物质的量浓度有关，为此提出以单位长度、单位面积、单位物质的量浓度电解质的电导值为量度，即摩尔电导率 Λ_m，其单位为 $S \cdot m^2/mol$，其与电导率的关系如下

$$\Lambda_m = \frac{\kappa}{c} = \kappa V_m \tag{2-13-2}$$

式中，V_m 为溶液的摩尔体积。实际上，由于溶液中离子的相互作用，只有溶液无限稀时的摩尔电导率才能真正反映出该电解质的导电能力，此时的摩尔电导率称为极限摩尔电导率 Λ_m^∞。

对于弱电解质溶液，例如 HAc(aq)，弱电解质在溶液中并未完全电离，只有部分电解质分子解离变为离子，参与导电。电离部分占弱电解质总量的百分比称为电离度，

记为 α。弱电解质溶液的摩尔电导率会受两个因素影响：①电解质的电离程度；②离子间的相互作用。对于稀溶液，如果忽略离子间的相互作用，电导就由电离程度决定，则可以认为

$$\Lambda_m = \alpha \Lambda_m^{\infty} \quad (2\text{-}13\text{-}3)$$

在一定温度下，弱电解质电离会达到平衡，即

$$HAc \rightleftharpoons Ac^- + H^+$$

$t=0$	c_0	0	0
$t=t_e$	$c_0(1-\alpha)$	$c_0\alpha$	$c_0\alpha$

电离平衡常数为 $$K=\frac{[Ac^-][H^+]}{[HAc]}=\frac{c_0\alpha \cdot c_0\alpha}{c_0(1-\alpha)}=\frac{c_0\alpha^2}{1-\alpha} \quad (2\text{-}13\text{-}4)$$

也可表达为 $$K=\frac{c_0\Lambda_m^2}{\Lambda_m^{\infty}(\Lambda_m^{\infty}-\Lambda_m)} \quad (2\text{-}13\text{-}5)$$

4. 仪器装置与试剂

电导率仪1台；电导电极1支；电极架1只；恒温水浴1台；滴定管1支；移液管数支；烧杯数个；玻璃棒1支；洗瓶1个，容量瓶数个。

HAc；蒸馏水。

5. 实验步骤设计

设计提示：考查各参量随浓度的变化可选择在室温下进行。建议浓度选取范围基本涵盖0～8mol/L，否则可能会影响得出正确的实验结论。

6. 注意事项和说明

(1) 注意实验过程中各用具的清洗方式。

(2) 电子电导率仪使用简便，直接测量即可，不需按钮调节。但所测电导率值有时会有些漂移，读数比较稳定时即可记录，不需等示数完全恒定。

测量电导率时，建议每种浓度下测三次，每个温度下测三次。

(3) 计算中所需的 HAc 的 Λ_m^{∞} 值，据其18℃和25℃时的值，作线性推延获得。

对于 HAc：
$$\Lambda_m^{\infty}(18℃)=0.0350 S\cdot m^2/mol$$
$$\Lambda_m^{\infty}(25℃)=0.0391 S\cdot m^2/mol$$

7. 数据处理和结果

(1) 根据测量结果，分别计算各浓度下 HAc(aq) 的 Λ_m、α 和 K 值，并列表、作图。举例说明计算过程。

(2) 分析各参量（κ，Λ_m，α，K）与浓度的关系。

(3) 分析各参量（κ，Λ_m，α，K）与温度的关系。

8. 思考题

(1) 电解质溶液的电导率与哪些外界因素有关？

(2) 电离平衡常数与浓度有关吗？为什么？

参考文献

[1] 罗澄源，向明礼. 物理化学实验. 北京：高等教育出版社，2004.

[2] 武汉大学化学与分子科学学院实验中心．物理化学实验．武昌：武汉大学出版社，2004.
[3] 李元高．物理化学实验研究方法．长沙：中南大学出版社，2003.

（二）电导滴定

1. 实验目的

（1）学习电导滴定的原理和方法。

（2）设计并完成强碱滴定弱酸的实验。

2. 设计任务

设计实验步骤，测量 NaOH(aq) 滴定 HAc(aq) 时不同滴定体积下的电导值，并绘制电导滴定曲线，计算出未知 NaOH(aq) 的浓度。

3. 实验原理

在一种电解质溶液中添加另一种电解质溶液时，如果发生一些特殊反应，如酸碱中和、生成沉淀等，将使体系中的导电离子的种类和数量发生变化，从而改变体系的导电性。如果这种变化在某一点发生转折，就可依据体系电导的转折点来判断反应终点，这就是电导滴定。电导滴定的类型有多种，在此仅讨论用强碱 NaOH(aq) 来滴定弱酸 HAc(aq) 获得滴定终点，从而计算出未知的碱溶液的物质的量浓度。

在 HAc(aq) 中逐渐滴加 NaOH(aq)，将在 HAc(aq) 中引入了 Na^+ 和 OH^-，其中 OH^- 与 HAc 电离出的 H^+ 中和，使 H^+ 浓度下降；HAc 的电离平衡右移，产生更多的 Ac^-，这时提供导电的主要是 Ac^- 和 Na^+。随着碱的不断加入，Na^+ 不断增多，新电离出更多的 Ac^-，所以体系电导率增大。当加入的碱与 HAc 全部中和后，体系中除了 Ac^-、Na^+，还会有导电性很强的 OH^- 出现，这样体系电导率将快速增加，表现为电导率曲线斜率变化。整个滴定过程中，体系电导率的理论变化曲线如图 2-13-1（a）所示。图中 T 点即为滴定终点，即酸碱中和的结束点。当然，在实际滴定过程中，电导滴定曲线不如图 2-13-1（a）那么典型。比如，在滴定终点 T，由于水解作用，电导率的变化呈现渐变的情形，如图 2-13-1（b）所示，这时可以通过作直线得交点的方式确定滴定终点 T。

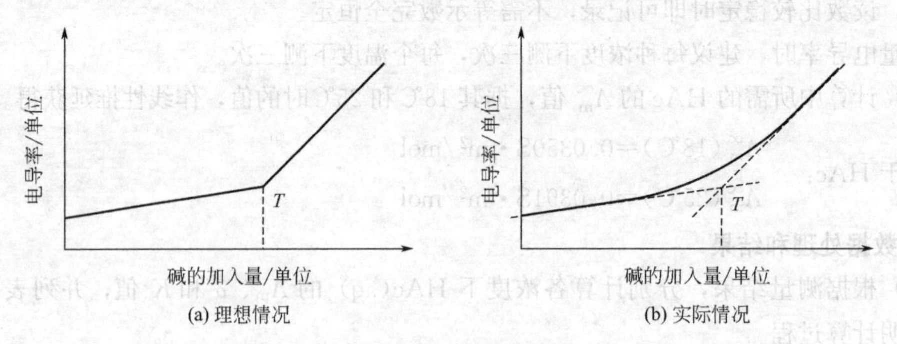

图 2-13-1　以强碱滴定弱酸体系的电导滴定曲线

4. 仪器装置与试剂

电导率仪 1 台；电导电极 1 支；电极架 1 只；铁架台 1 个；大烧杯 1 个；洗瓶 1 个；碱式滴定管 1 支；移液管 1 支；量筒或量杯 1 个；搅拌棒 1 支。

HAc(aq)；NaOH(aq)；蒸馏水。

5. 实验步骤设计

设计提示：

（1）可采用实验（一）中配制的较稀的 HAc(aq) 作为标准溶液。取适量（如 20mL）溶液于烧杯中，并适当加入去离子水稀释（如 2～3 倍），稀释后记录初始电导率值。

（2）在室温下用未知浓度的 NaOH(aq) 滴定上述稀释了的 HAc(aq)。每加入一定量的 NaOH(aq)（如 1mL），充分搅拌后测量电导率一次。

（3）电导测量过程中，注意判定滴定终点。到达终点后，仍需继续加入碱液 5～7 次。

6. 注意事项和说明

（1）注意各用具的清洗方式。

（2）不要将碱液滴到烧杯壁或电极壁上，更不要溅到烧杯外。

（3）滴定过程中，要搅拌均匀。搅拌时玻璃棒不要打断电极的端部，也不要将烧杯内的液体溅到烧杯外面。

（4）为了实验的准确性，可重复滴定一次。

（5）实验结束后，对各仪器和用具进行清洗。碱式滴定管洗净后要倒置晾干。

7. 数据处理和结果

（1）依据滴定数据，以电导率 κ-NaOH 加入量 V(mL) 作图。

（2）在图中标注滴定终点，并求得两次滴定终点的平均值。

（3）计算出未知 NaOH(aq) 的浓度。

8. 思考题

（1）冲稀的情况不同对电导率值和滴定终点有影响吗？

（2）冲稀的作用是什么？

（3）比较电导滴定法与化学滴定法的特点。

参考文献

[1] 傅献彩，沈文霞等．物理化学（下）．第 5 版．北京：高等教育出版社，2005.

[2] 印永嘉，奚正楷，张树永．物理化学简明教程．第 4 版．北京：高等教育出版社，2007.

[3] 周鲁．物理化学教程．第 2 版．北京：科学出版社，2006.

实验 14　过氧化氢的催化分解反应动力学研究

1. 实验目的

（1）熟悉一级反应特点，探讨催化剂种类和添加量对 H_2O_2 分解反应的影响。

（2）了解反应浓度、温度和催化剂等因素对一级反应速率的影响。

（3）掌握用量气法测定 H_2O_2 分解反应的速率常数的原理与方法。

2. 实验原理

（1）化学动力学。过氧化氢分解反应如下

$$H_2O_2(aq) \longrightarrow H_2O(l) + \frac{1}{2}O_2(g) \tag{2-14-1}$$

许多催化剂如 Pt、Ag、MnO_2、$FeCl_3$、碘化物等都能加速 H_2O_2 分解。在催化剂 KI 作用下的分解反应，反应历程如下

$$H_2O_2 + I^- \longrightarrow IO^- + H_2O(\text{慢}) \tag{2-14-2}$$

$$H_2O_2 + IO^- \longrightarrow H_2O + O_2 + I^-(\text{快}) \tag{2-14-3}$$

按此历程，可推导出总反应的速率方程

$$-\frac{d[H_2O_2]}{dt}=k'[H_2O_2][I^-] \tag{2-14-4}$$

在反应过程中，KI可以不断再生，其浓度近似不变，当溶液体积不变时，$[I^-]$是个常数，即

$$-\frac{d[H_2O_2]}{dt}=k[H_2O_2] \tag{2-14-5}$$

为一级反应，一级反应的速率公式为：

$$-\frac{dc}{dt}=kc_t \tag{2-14-6}$$

式中，k为反应速率常数；c_t为时间t时的反应物浓度。将式(2-14-6)积分得

$$\ln c_t=-kt+\ln c_0 \tag{2-14-7}$$

式中，c_0为反应开始时（$t=0$）反应物的初始浓度。利用反应动力学的积分法，已知反应是一级，则将实验测定的浓度取对数后对时间作图，根据式(2-14-7)应得到一条直线。根据直线的斜率可以求出反应的速率常数k。

从式(2-14-7)可见，一级反应的速率常数k与反应物的初始浓度无关。由式(2-14-7)变换得

$$\ln\frac{c_t}{c_0}=-kt \tag{2-14-8}$$

当$c_t=\frac{1}{2}c_0$时，t可用$t_{1/2}$表示，即为反应的半衰期

$$t_{1/2}=\frac{\ln 2}{k}=\frac{0.693}{k} \tag{2-14-9}$$

从式(2-14-9)可见，在温度一定时，一级反应的半衰期应与反应的速率常数成反比，而与反应物的初始浓度无关。

(2) 测定反应速率。由反应方程式可知，在一定温度、压力下，反应所产生的氧气体积V与消耗的过氧化氢浓度成正比。析出的氧气体积可由量气管测量（见图2-14-1）。

若以V_t表示t时刻所产生的氧气体积，V_∞表示H_2O_2完全分解时所放出的氧气体积，则

$$c_0=KV_\infty,\ c_t=K(V_\infty-V_t) \tag{2-14-10}$$

式中，K为比例常数；c_0为过氧化氢的初始浓度；c_t为t时刻过氧化氢的浓度。将式(2-14-10)中过氧化氢浓度的表达式代入式(2-14-8)，得到

$$\ln K(V_\infty-V_t)=-kt+\ln KV_\infty \tag{2-14-11}$$

用实验方法测量不同反应时刻t所放出的氧气体积V_t以及反应完全时的氧气体积V_∞，利用反应动力学的积分法就可以确定式(2-14-11)中的反应速率常数k。

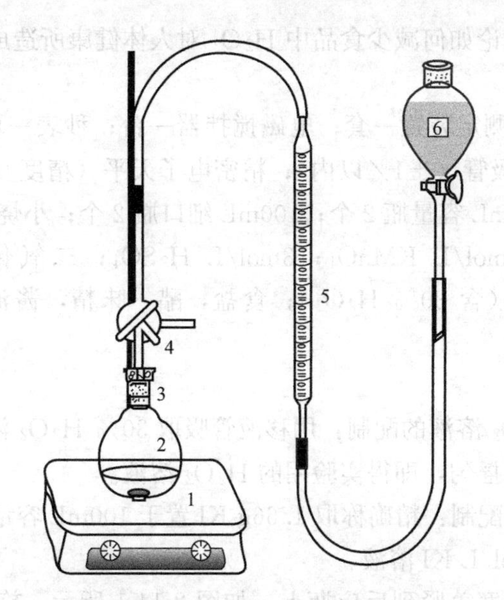

图 2-14-1　过氧化氢分解速率测定装置

1—电磁搅拌器；2—反应瓶；3—橡皮塞；4—三通活塞；5—量气管；6—水准瓶

V_∞值可由如下三种方法求取：

① 外推法。以 $1/t$ 为横坐标对 V_t 作图，将直线段外推至 $1/t=0$，其截距即为 V_∞。

② 加热法。在测定若干个 V_t 的数据之后，将 H_2O_2 溶液加热至 50～60℃约 15min，可认为 H_2O_2 已全部分解。待完全冷却后，记下量气管的读数，即为 V_∞。

③ 计算法。假设氧气为理想气体，过氧化氢的初始浓度为 c_0，过氧化氢溶液的体积为 V_0，则过氧化氢完全分解后产生的氧气体积 V_∞ 为

$$V_\infty=\frac{c_0V_0}{2}\times\frac{RT}{p-p_{H_2O}} \tag{2-14-12}$$

式中，p 为实验时的大气压；p_{H_2O} 为室温下水的饱和蒸汽压（见常用数据表）。

影响反应速率的因素较多。反应物的初始浓度、搅拌速度、反应温度、压力和催化剂等都将对本实验中的反应速率有影响。因此，在实验过程中，要求其他条件一定，只改变反应物初始浓度的条件下进行反应；或其他条件一定时，只改变催化剂种类。

传统实验为 KI 催化，在此基础上我们引导学生选择几种烹饪常用的调味料，如醋、味精、大蒜、生姜、青葱等，观察这些调料对 H_2O_2 分解速率的影响。

(3) 过氧化氢在食品中的残留问题（研究设计）。H_2O_2 有漂白、杀菌作用，由 H_2O_2 分解反应的基本原理，将其延伸融入日常生活中有关食品残留 H_2O_2 的探讨。我们常从报纸杂志上看到一些关于使用 H_2O_2 漂白食品的报道，同时也得知食品残留 H_2O_2 会对健康造成不良的影响。根据食品卫生管理法规定，食品中可添加 H_2O_2，但不能残留。因此，在本研究中选了几种烹饪常用的调配料，如醋、味精、青葱、生姜、大蒜等，观察这些调味料对 H_2O_2 分解速率的影响。在本项实验中，我们总共选了 4 种烹调调料：味精、酱油、食盐、白醋；6 种蔬菜类配料：生姜、芹菜、地瓜、青葱、大蒜及辣椒，观察每种配料对 H_2O_2 分解速率的影响。例如：KI 对 H_2O_2 的分解反应具有催化作用。同样，地瓜也可扮演相同的角色，因为地瓜含有过氧化氢分解酶，只是反应不像加入 KI 那么激烈。

通过本实验结果，讨论如何减少食品中 H_2O_2 对人体健康所造成的不良影响。

3. 仪器装置与试剂

H_2O_2 分解反应速率测定装置一套；电磁搅拌器一台；秒表一块；恒温水槽（±1℃以内）；果蔬打汁机；定量吸管（±1%以内）；精密电子天平（精度 0.001g）；25mL、10mL、5mL 移液管各 2 支；100mL 容量瓶 2 个；100mL 细口瓶 2 个；小烧杯 1 个。

0.1mol/L KI；0.02mol/L $KMnO_4$；3mol/L H_2SO_4；二氧化锰（MnO_2）；苯甲酸（C_6H_5COOH）；双氧水（含 30% H_2O_2）；食盐，醋，味精，酱油；大蒜，芹菜，地瓜，葱，辣椒及生姜。

4. 实验步骤

（1）配制试剂。H_2O_2 溶液的配制：用移液管吸取 30% H_2O_2 溶液 10mL，置于 100mL 容量瓶中，冲稀至刻线，摇匀，即得实验用的 H_2O_2 溶液。

0.1mol/L KI 溶液的配制：精确称取 1.66g KI 置于 100mL 容量瓶中，冲稀至刻线，摇匀，即得实验用的 0.1mol/L KI 溶液。

（2）检漏。小心将胶塞盖紧到反应瓶上，如图 2-14-1 所示。旋转三通活塞 4 至与外界相通，举高水准瓶，使液体充满量气管。然后旋转三通活塞 4，使系统与外界隔绝，并把水准瓶放到最低位置。如果气管中液面在 2min 内不变，即表示系统不漏气，否则应找出系统漏气的原因，并设法排除之。读取量气管内初始气体体积 V_0，注意量气管读数时一定要使水准瓶和量气管内液面保持同一水平面。

（3）浓度对反应速率的影响。

① 旋转三通活塞 4 使反应瓶和量气管与大气相通。抬高水准瓶，使量气管液面升高。当量气管液面升至零刻度时，然后旋转三通活塞 4，使系统与外界隔绝。

② 向洁净干燥的反应瓶 2 中，用 25mL 移液管加入 0.1mol/L KI 溶液 25mL。倾斜反应瓶轻轻放入电磁搅拌棒，将仪器按图 2-14-1 装好，并开动电磁搅拌器，选好搅拌速度后关闭。在以后的实验过程中不要再变动搅拌速度，以免影响反应的速率。

③ 准备好秒表。抬高水准瓶 6 使其与量气管 5 液面对齐，并且与“0”刻度对齐。保持量气管、水准瓶内液面与量气管的“0”刻度对齐，用移液管向反应瓶中加入 3% H_2O_2 溶液 10mL，盖好盖子。同时打开电磁搅拌器和秒表。以上步骤要求迅速、准确，尽可能同时完成，这是实验成功的关键步骤。

④ 为了保持反应在恒压下进行，水准瓶 6 要始终与量气管 5 液面水平，并与其同时下降。每放出 5mL 氧气记录一次时间，直到 50mL 为止。

⑤ 重复以上②、③、④步骤。反应体系改用 0.1mol/L KI 溶液 25mL、水 5mL、3% H_2O_2 溶液 5mL，氧气体积记录到 35mL 为止。

⑥ 测定 H_2O_2 浓度。取所用 100mL 溶液 10mL，放入 100mL 容量瓶中，加水冲稀释至刻度，摇匀。从中取出 10mL，放入 3mol/L H_2SO_4 10mL。为了易于摇动，可适当加入蒸馏水。然后用 0.0200mol/L $KMnO_4$（浓度以标签为准）滴定至淡红色为止。滴定两次，结果去平均值。$KMnO_4$ 和 H_2O_2 的化学反应方程式为

$$6H^+ + 2MnO_4^- + 5H_2O_2(aq) = 2Mn^{2+}(aq) + 5O_2(g) + 8H_2O(l) \qquad (2\text{-}14\text{-}13)$$

如果已知 $KMnO_4$ 的浓度和滴定所消耗的体积，则依据上述反应方程式可求出 H_2O_2 的浓度。

(4) 温度及催化剂对反应速率的影响。开动并调节好恒温槽温度。倾斜反应瓶，贴壁轻轻放入电磁搅拌子，夹正反应瓶，举高水准瓶使液面对准刻度V_0处，将三通活塞4旋至同外界相通位置，分别用移液管加入H_2O_2溶液、KI溶液，迅速盖紧胶塞，旋三通活塞使系统与外界隔绝，开动电磁搅拌器至低速挡，搅拌子转起后开始计时。在反应过程中，水准瓶要时时保持量气管和水准瓶两液面在同一平面上。每放出5mL氧气记一次时间，直到35mL为止。做如下几个条件：

① 用KI作催化剂，不同温度下测量H_2O_2不同反应时间释放出来的气体体积

20℃时10mL H_2O_2+10mL 0.1mol/L KI

25℃时10mL H_2O_2+10mL 0.1mol/L KI

30℃时10mL H_2O_2+10mL 0.1mol/L KI

35℃时10mL H_2O_2+10mL 0.1mol/L KI

在35℃时，读完35mL后，将反应瓶升温至50～60℃并保持大约10min，体积不变即可再冷却至室温，读取量气管气体的体积即V_∞。

② 正、负催化剂对H_2O_2分解速率的影响。于反应瓶中注入25mL的蒸馏水，然后加入0.02g的MnO_2，以电磁搅拌器搅拌1min，再从侧口注入10mL的3% H_2O_2；分别改用0.3g的C_6H_5COOH做实验。

③ 25℃时烹饪调料与配料对H_2O_2分解反应速率的影响（自行设计）。分别称取1.0g的食盐、醋、味精和酱油，依照前述步骤，测量记录量气管的气体体积。

改用5.0g的大蒜、芹菜、地瓜、葱、辣椒及生姜，也依照前述步骤，测量记录量气管的气体体积。

④ 温度对酵素催化H_2O_2分解反应的影响（自行设计）。以芹菜汁为例简要介绍：将芹菜以果蔬打汁机打成汁液，每次实验使用10mL，实验条件包括新鲜的芹菜汁和在恒温水槽中加热过的芹菜汁。恒温水槽加热温度分别控制在35℃、40℃、45℃、50℃、55℃和60℃，加热时间均为5min，加热完成时迅速冲水冷却。而本项实验除了在测量酵素活性与时间关系外，芹菜汁液都是即打即用。将10mL的芹菜汁加入反应瓶中，以电磁搅拌器搅拌1min，再从侧口注入2mL的3% H_2O_2，进行实验。

5. 数据处理

(1) 实验开始和结束，读取二次室温和大气压并取平均值。

(2) 自行设计H_2O_2催化分解数据记录表。

(3) 用作图外推法求出H_2O_2完成分解时释放的体积。

(4) 用作图法求出反应的速率常数和半衰期。

6. 思考题

(1) 说明为什么可用$\ln(V_\infty - V_t)$-t代替$\ln c_t$-t作图来求速率常数？

(2) 从V_∞计算H_2O_2溶液的初始浓度c_0，如用$KMnO_4$溶液滴定H_2O_2溶液求得初始浓度c_0，是否可以计算V_∞？

(3) 反应速率与哪些因素有关？反应时搅拌速度快慢对实验有何影响？如果搅拌速度时快时慢又对实验结果有何影响？

7. 注意事项和说明

实验用的过氧化氢溶液含 H_2O_2 约 30%，触及皮肤易受伤害，必须非常小心使用，万一发生意外，立即以水冲洗。

参考文献

王彩霞．物理化学实验．吉林：吉林大学出版社，1999.

第 3 章　基本实验技术与实验仪器

3.1　温度的测量与控制

温度是定量描述一个物体冷热程度的物理量。它的本质和物质的分子运动相关。许多自然现象都与温度紧密相联，例如春、夏、秋、冬四季，物质的气态、液态、固态都是与温度的高低有直接关系的。温度是科学研究中的一个重要参量。精确测量温度、准确控制温度是非常重要的。

3.1.1　温标

测量物质的温度，需要有一个表示温度高低的尺度即温标，温标是温度的数值表示方法，如摄氏温标、华氏温标等。摄氏温标是以水的冰点（0℃）和沸点（100℃）为两个定点，定点间分 100 等份，每一份为 1℃来确定的。华氏温标是以水的冰点（32℉）和沸点（212℉）为两个定点，定点间等分 180 份，每份为 1℉来确定的。以上温标的建立是假设测温物质的某种特性（如水银的膨胀和收缩）与温度呈线性关系。但实际上，它们并非呈严格的线性关系。因此造成一定误差。热力学温标（又称开尔文温标或绝对温标）是建立在卡诺循环基础上的温标，它以冰的熔点 0℃和水的沸点 100℃为两个定点，其间分为 100 等份，填充温度计的介质为理想气体（实际上可以使用氢气做出定容氢温度计）。由于它与测温物质的性质无关，所以是理想的、科学的温标。热力学温标的单位是“开尔文”，符号为 K。此温标定义水三相点的温度值为 273.16K。

3.1.2　温度测量

物质的某些物理、化学性质，如：物体的体积、气体的压强、金属导体的电阻率、辐射强度和颜色等性质都会随温度的变化而变化。各种测温方法就是利用这些物理、化学性质与温度的关系，通过测量不同温度时，上述参数的变化来间接地测量被测物体的温度。

（1）测温方式分类

常用温度计分类：

- 接触式
  - 热膨胀
    - 固体膨胀：双金属温度计
    - 液体膨胀：玻璃温度计
    - 气体膨胀：压力式温度计
  - 热电偶
    - 廉金属热电偶：铜-康铜、镍铬-镍硅、镍铬-考铜等
    - 贵金属热电偶：铂铑$_{30}$-铂铑$_{6}$、铂铑$_{10}$-铂等
    - 难熔金属热电偶：钨铼系、钨钼系等
    - 非金属热电偶：石墨系、硅化物系、碳化物-硼化物系等
  - 热电阻
    - 金属热电阻：铜热电阻、铂热电阻、镍热电阻等
    - 半导体热敏电阻：锗电阻、碳电阻、热敏电阻（氧化物）等
- 非接触式
  - 辐射法：辐射温度计、部分辐射温度计
  - 亮度法：光学高温计
  - 比色法：比色温度计

测温方式可分为接触式与非接触式两大类。所谓接触式：即感温元件直接与被测介质接触达到热平衡，此时感温元件的温度就是被测介质的温度。所谓非接触式温度计，即感温元件不必与被测介质接触，利用物体的热辐射(或其他特性)，通过对辐射能量(或亮度)的检测实现测温。接触式测温方式简单、可靠、测量精度高，但由于达到热平衡需要一定时间，因此会产生测温的滞后现象。非接触式测温方式，测温速度快，测温范围广，多用于测量高温。由于它不能直接测得被测对象的真实温度，受到物体的发射率、热辐射传递空间的距离、烟尘和水蒸气等因素的影响，故测量误差较大。温度计还可按其测温原理的不同分类，并由于它们各自的结构和测温原理不同，在各种应用场合又显示出各自的优缺点。

(2) 常用温度计介绍

① 热膨胀式温度计。热膨胀式温度计是利用物体受热膨胀的原理制造的。

a. 玻璃管液体温度计。常见的水银温度计、酒精温度计就属于这一类。水银温度计测温范围为−30～300℃，最高可达 800℃(其中贝克曼温度计可测−20～120℃之间任意 5℃内的温度变化，精度可达 0.01℃)，酒精温度计多用于低温的温度测量，测量范围为−100～+75℃。

玻璃温度计结构简单、使用方便、价格便宜、量值准确，但结构脆弱易损坏，测量结果只能读出，不能自动记录，测量过程中热惯性较大。

水银温度计的露茎校正，全浸式水银温度计如有部分露在被测体系之外，则读数准确性将受两方面的影响：第一是露出部分的水银和玻璃的温度与浸入部分不同，且受环境温度的影响；第二是露出部分长短不同，受到的影响也不同。为了保证示值的准确，必须对露出部分引起的误差进行校正。其方法如图 3-1-1 所示，用一支辅助温度计靠近测量温度计，其水银球置于测量温度计露茎高度的中部，校正公式如下

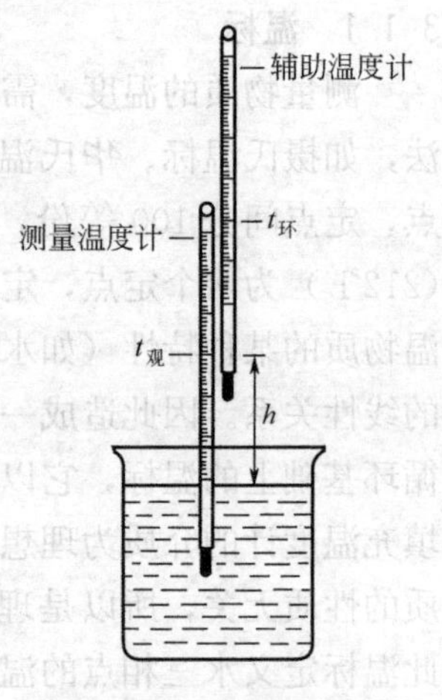

图 3-1-1　水银温度计的露茎校正

$$\Delta t_{露茎}=kh(t_{观}-t_{环}) \tag{3-1-1}$$

式中，$\Delta t_{露茎}$为温度计读书的校正值；$k=0.00016$ 是水银对于玻璃的相对膨胀系数；h 为露茎长度；$t_{观}$ 为测量温度计读数；$t_{环}$ 为辅助温度计读数。校正后测量系统的真实温度为

$$t=t_{观}+\Delta t_{露茎} \tag{3-1-2}$$

水银温度计的零点校正，由于玻璃是一种过冷液体，属热力学不稳定系统，水银温度计下部玻璃受热后再冷却收缩到原来的体积，常常需要几天或更长时间，所以，水银温度计的读数将与真实值不符，必须校正零点，校正方法是把它与标准温度计进行比较，也可用纯物质的相变点标定校正。具体公式为

$$t=t_{观}+\Delta t_{示} \tag{3-1-3}$$

式中，$t_{观}$ 为温度计读数；$\Delta t_{示}$为示值较正值。

b. 双金属温度计。双金属温度计是将两个膨胀系数不同的金属片组合在一起作为感温元件的温度计。通常是将双金属片绕成螺旋形，一端固定，另一端为自由端连接指针轴，当

温度变化时，双金属感温元件的曲率产生变化，通过指针轴带动指针偏转，在刻度盘上显示出温度变化。

双金属温度计测温范围为－80～＋600℃，适用于测量液体、蒸汽、气体和固体的温度。具有结构简单、指示清晰、易于读数、耐振动和无汞污染等优点，但精度比玻璃温度计低。

c. 压力式温度计。压力式温度计是利用气体、液体或低沸点液体作为感温物质的温度计。当感温物质受到温度作用时，密封系统内的压力产生变化，同时引起连接弹簧弯曲曲率的变化并使其自由端发生位移，然后通过连杆和传动机构带动指针，在刻度盘上显示出温度的变化。

压力式温度计测温范围为－100～＋500℃。除了刻度清晰、结构简单之外，还具有机械强度高，不怕振动，可以在60m范围内远距离显示温度，输出信号可以自动记录和控制等特点；其缺点是热惯性大，仪表密封系统一旦损坏难以修复且被测介质不能对铜和铜合金有腐蚀作用。

② 热电偶。热电偶与显示或控制仪表配套是目前使用最普遍的温度测量仪表。它可以直接测量和控制调节各种生产过程中－270～＋2500℃温度范围内的液体、气体、蒸汽等介质及固体表面的温度。由于其测量精度高、结构简单、热惯性小、测温范围广及可以远距离测量等特点，使其在温度测量中占有很重要的地位。

当两种金属导线A和B的两端分别接在一起，保持一个接点（称冷端或参考端或自由端）的温度 t_0 不变，改变另一个接点（称热端或测量端或工作端）的温度 t 时，则在线路里会产生相应的热电势［见图3-1-2（a)］。这一热电势由两部分构成：一部分是在接点处因两种金属的自由电子密度不同，由电子扩散而形成的电势差（电子密度大的金属为正极)；另一部分是在导体内，高温处比低温处自由电子扩散的速度大，同样由电子扩散形成电势差（温度高的一边为正极)。这两部分电位差合起来构成的热电势与热端的温度有关，而与导线的长短、粗细和导线本身的温度分布无关。因此，只要知道热端温度与热电势之间的对应关系，测得热电势即可求出热端温度。

为了测量热电势，需要使导线（称为偶丝）与测量仪表连成回路。通常有两种连接方式：一种如图3-1-2（b）所示，A、B偶丝的 t_0 端，都浸在冰水中，由 t_0 处到测量仪表的导

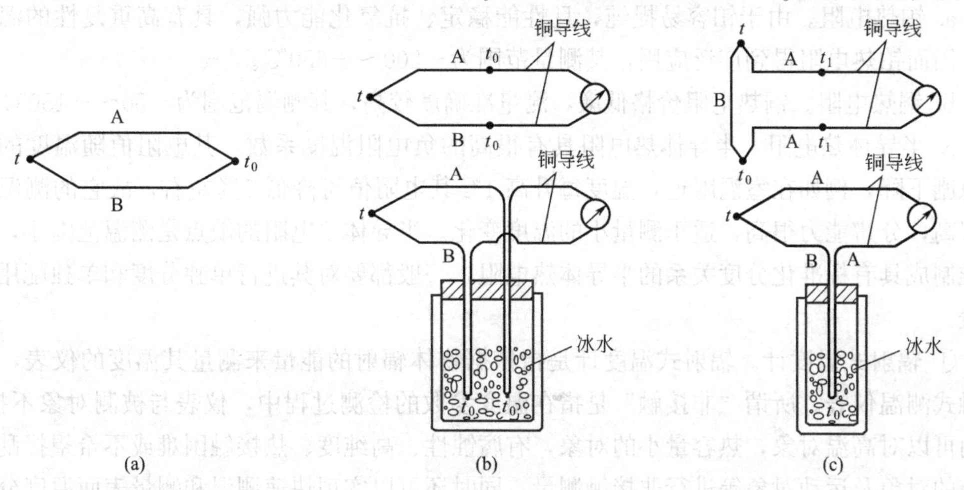

图3-1-2　热电偶回路及连接示意图

线为铜导线，测量仪表也可以看作是铜导线，因此（b）的回路与（a）等效；另一种如图3-1-2（c）所示，由于铜导线与偶丝A的两接点均为室温 t_1，同理，此回路也与（a）等效。

从理论上讲，任意两种不同导体都可以组成热电偶，但实际上并非如此。为保证热电偶测温的可靠性、稳定性和有足够的灵敏度，要求热电极材料的物理化学性能稳定、电阻系数小、热电势足够大且热电势与温度接近线性关系。

目前应用较多的主要有铂铑-铂（铂铑$_{10}$-铂、铂铑$_{30}$-铂$_6$）、镍铬-镍硅（镍铬-镍铝）、铜-康铜、镍铬-康铜等热电偶。各种热电偶都有自己的分度号和相应的分度表、测温范围及允许偏差。表3-1-1列出了一些常用热电偶的相关参数和简单识别方法。

表 3-1-1　常用热电偶的相关参数和简单识别方法

热电偶名称	分度号	热电偶识别			100℃时的热电势/mV	最高使用温度/℃		测温范围/℃	允许偏差/℃
		材料	极性	识别		长期	短期		
铂铑$_{10}$-铂	S	铂铑 铂	正 负	较硬 柔软	0.645	1300	1600	0～1600	±1
镍铬-镍硅	K	镍铬 镍硅	正 负	不亲磁 稍亲磁	4.095	1000	1200	0～1200	±1.5
铜-康铜	T	铜 康铜	正 负	红色 银白色	4.277	200	350	−40～350	±1
镍铬-康铜	E	镍铬 康铜	正 负		6.95	700	800	0～800	±4

③ 热电阻。热电阻是利用电阻与温度呈一定函数关系的金属导体或半导体材料制成的温度传感器。通常用来作为温度测量和调节的检测仪表，与显示仪表或控制仪表配套使用可以直接测量−200～+650℃温度范围内的液体、气体、蒸汽等介质以及固体表面的温度。具有测量精度高、性能稳定、灵敏度高且可以远距离传送和记录等特点。

常用的热电阻感温材料有铂、铜和镍，随着半导体技术的发展，半导体热电阻温度计的使用也日益增多。

a. 铂热电阻。由于铂容易提纯，且性能稳定、抗氧化能力强，具有高重复性的温度系数，因而铂热电阻得到广泛应用，其测量范围为−200～+650℃。

b. 铜热电阻。铜热电阻价格低廉，测量准确度较高，其测温范围为−50～+150℃。

c. 半导体热电阻。半导体热电阻具有很高的负电阻温度系数，其电阻值随温度的增加而急剧下降，例如在室温附近，温度每升高1℃其电阻值可降低5%左右，故它的测温灵敏度很高，分辨能力很高，适于测量小的温度变化。半导体热电阻的缺点是测温范围小，并且很难制成具有标准化分度关系的半导体热电阻，一般都要对其进行单独分度和单独配用显示仪表。

④ 辐射式温度计。辐射式温度计是指依据物体辐射的能量来测量其温度的仪表，是非接触式测温仪表。所谓“非接触”是指在温度参数的检测过程中，仪表与被测对象不接触，因而可以对高温对象，热容量小的对象，有腐蚀性、高纯度、热接触困难或不希望扰乱温度分布的对象及运动对象等进行非接触测量。同时还可以实现快速测温和测量表面温度分布。

由于辐射式温度计的感温部分不与测量介质直接接触，因此它的测温精度不如热电偶温度计，测量误差较大。辐射测温方法分为亮度法、辐射法和比色法，其测温范围一般在400～3200℃。

属于这类温度计的有光谱辐射高温计（光学高温计、光电高温计、全辐射高温计）、比色高温计、红外温度计。

红外温度计是近来发展起来的一种温度计，它具有很多优点。它能够比较满意地测量高温、中温甚至比较低的温度。利用红外热影像技术，得到热影像图形能很好地反映被测物体的温度场，可以测量人体或物体的温度场。专门制成的热像仪有很多特殊用途，成为测温技术中的一项独特的技术。

⑤ 数字式温度计。随着数字仪表的迅速发展，数字式温度计也迅速发展起来。目前国内外已有很多厂商生产各种系列的数字式温度计。数字式温度计的优点是准确度高、读数直观、不易误读，特别是分辨力很高使其在测量小的温度变化时也比较准确。另外，它能方便地与现代数字技术配合，如与计算机等组成现代自动化测量系统。

3.1.3　温度控制

物质的物理性质和化学性质，如折射率、密度、黏度、蒸气压、表面张力、化学反应速率等，都与温度有关。许多物理化学实验也须在一定温度下进行，如平衡常数测定、反应速率常数测定等。因此，温度控制是物理化学实验必须掌握的技术。

利用物质相变温度的恒定性来控制温度是恒温的重要方法之一。例如水和冰的混合物、各种蒸气浴等，都是非常简便而又常用的方法，但是对温度的选择却有一定限制。另外一类是利用电子调节系统进行温度控制，此方法控温范围宽，可以调节设定温度。

恒温槽是物理化学实验在常温区间常用的一种以液体为介质的恒温装置。

根据所需要的恒温程度，可以利用不同规格的恒温槽；根据恒定温度的不同，可以选取不同的工作物质：一般温度在－60～30℃用乙醇或乙醇水溶液；0～90℃，多采用水浴，为了避免水分蒸发，50℃以上的恒温水浴常在水面上加上一层石蜡油；超过100℃的恒温槽往往采用液体石蜡、甘油或豆油代替水；高温恒温槽则可用砂浴、盐浴、金属浴或空气浴等。

恒温槽一般由浴槽、温度控制器、继电器、加热器、搅拌器和温度计等组成。图 3-1-3 为恒温槽示意图，其中 1 是温度计，2 是接点温度计，3 是加热器，4 是电动搅拌器，5 是浴槽，6 是保温材料。继电器和供电设备等都安装在控制盒内。

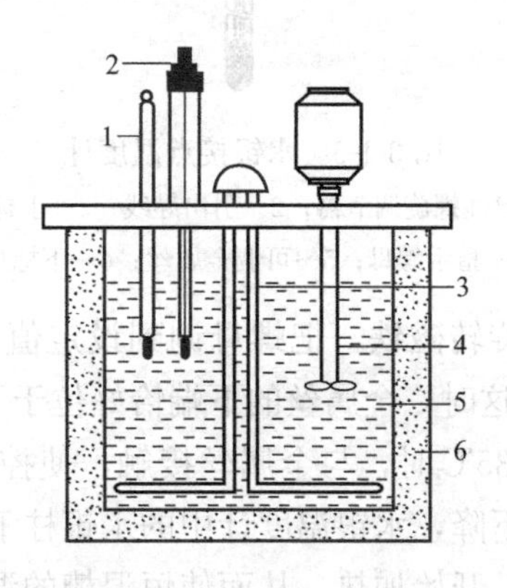

图 3-1-3　恒温槽示意图

图 3-1-4 是恒温槽控制温度的简单原理线路图。当浴槽温度低于指定温度时，温度控制器通过继电器的作用，使加热器加热，浴槽温度高于指定温度时，即停止加热。因此，浴槽温度在一微小的区间内波动，而被测物体的温度也限制在相应的微小区间内。

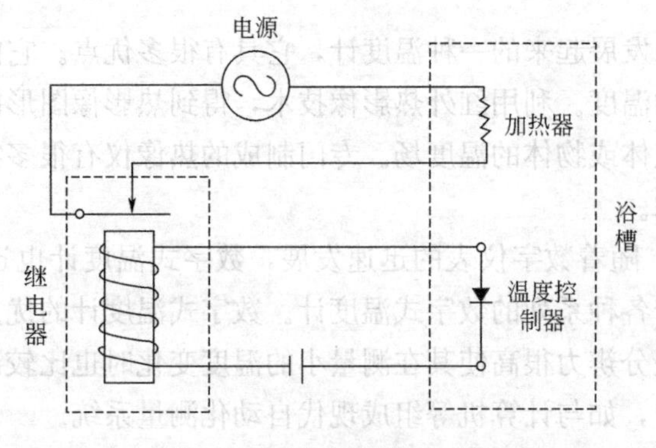

图 3-1-4　恒温槽工作原理图

在恒温槽中，温度控制器是其感温中枢，是决定恒温程度的关键。温度控制器的种类很多，例如：可以利用热电偶的热电势、两种金属不同的膨胀系数以及物质受热体积膨胀等不同性质来控制温度。

水银接点温度计（又称导电表）如图 3-1-5 所示，它是恒温槽最常用的温度控制器，其结构类似于一般温度计，下半段是一支普通温度计，上半段是控制用的指示装置。温度计的毛细管内有一根金属丝与上半段的螺母相连接。它的顶部放置一磁铁，当转动磁铁时，螺母即带动金属丝向上或向下移动。在接点温度计中有两根导线。这两根导线的一端分别与金属丝和水银相连接，另一端与控制器（由继电器和控制电路组成）相连接。

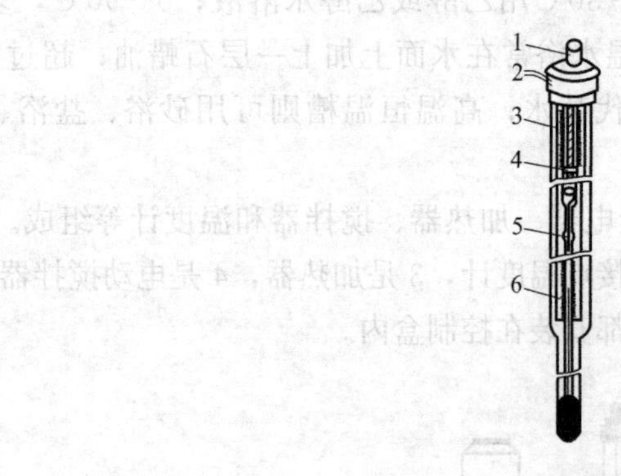

图 3-1-5　水银接点温度计

1—磁性螺旋调节器；2—引出导线；3—上标尺；
4—指示螺母；5—可调金属丝；6—下标尺

松开磁铁上的固定螺丝，旋转磁铁，把螺母调到设定值。例如，要将温度控制在 35℃时，将螺母上沿调到 35℃处，这时，金属丝的下端恰好位于下半段的 35℃处，当温度上升，水银温度计中的水银柱上升到 35℃时，与金属丝接触，使控制器接通，继电器工作，加热回路断开，停止加热。当温度下降，水银温度计中的水银柱下降，与金属丝断开，使继电器上弹簧片弹回，加热回路接通，开始加热，从而使恒温槽的温度保持在 35℃。

恒温槽中，加热器一般为电加热器，功率大小视恒温槽的大小和所需温度高低而定。加热器要求热惰性小，面积大。

由于水银接点温度计的标尺刻度不够准确，恒温槽中常配一支 1/10℃的温度计测量恒温槽的温度。若要测量恒温槽的精确温度，则需选用更精确灵敏的温度计，如热敏电阻温度计，贝克曼温度计等。

恒温槽中的搅拌器，一般采用电动搅拌器并可带有变速装置，调整搅拌速度，使槽内各处温度尽可能相同。同时，要求搅拌器振动小、噪声低、长久连续转动不过热。

超级恒温槽还带有循环水泵，能使浴槽中的恒温水循环地流过待测体系。例如，将恒温水送入阿贝折光仪棱镜的夹层水套内，使样品恒温，而不必将整个仪器浸入水槽。

恒温槽的好坏可以用灵敏度来衡量，良好恒温槽的灵敏度曲线应有如图 3-1-6（a）所示的形式；（b）表示灵敏度稍差需要更换较灵敏的温度控制器；（c）表示加热器的功率太大，需换用较小功率的加热器；（d）表示加热器功率太小，或浴槽散热太快。

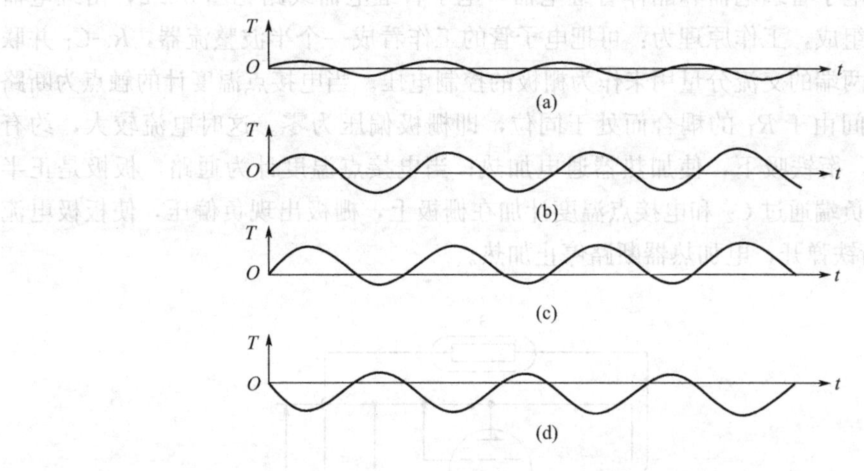

图 3-1-6　恒温槽灵敏度曲线的几种形式

3.2　自动控温简介

实验室所用的电冰箱、恒温水浴、高温电炉等都属于自动控温设备。现在多数采用电子调节系统进行温度控制，它的优点是控温范围广、控温精度高等。

电子调节系统包括三个基本部件，即变换器、电子调节器和执行系统。变换器的功能是将被控对象的温度信号转换成电信号；电子调节器的功能是对来自变换器的信号进行测量、比较、放大和运算，最后发出指令，使执行系统完成加热或制冷。电子调节系统分为断续式二位置控制和比例-积分-微分控制两种。

（1）断续式二位置控制

电烘箱、电冰箱、高温电炉和恒温水浴等大多采用这种控制方法。变换器的形式分为双金属膨胀式控制和接点温度计控制。

利用不同金属的线膨胀系数不同，选择线膨胀系数差别较大的两种金属，线膨胀系数大的金属棒在中心，另外一个套在外面，两种金属内端焊接在一起，外套管的另一端固定，见图 3-2-1。在温度升高时，中心金属棒便向外伸长，伸长长度与温度成正比。通过调节触点开关的位置，可使其在不同温度区间内接通或断开，达到控制温度的目的。其缺点是控温精度差，一般有几开尔文范围。

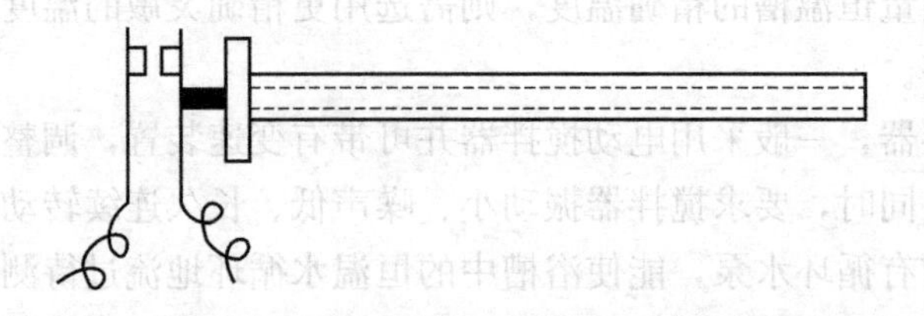

图 3-2-1　双金属膨胀式温度控制器示意图

若控温精度要求在 1K 以内，实验室多用水银接点温度计（导电表）作变换器（见图 3-1-5）。

继电器多采用电子管继电器和晶体管继电器，电子管继电器线路见图 3-2-2，由继电器及控制电路两部分组成，工作原理为：可把电子管的工作看成一个半波整流器，R_e-C_1 并联电路的负载，负载两端的交流分量用来作为栅极的控制电压。当电接点温度计的触点为断路时，栅极与阴极之间由于 R_1 的耦合而处于同位，即栅极偏压为零。这时电流较大，约有 18mA 通过继电器，衔铁吸下，使加热器通电加热；当电接点温度计为通路，板极是正半周，这时 R_e-C_1 的负端通过 C_2 和电接点温度计加在栅极上，栅极出现负偏压，使板极电流减少到 2.5mA，衔铁弹开，电加热器断路停止加热。

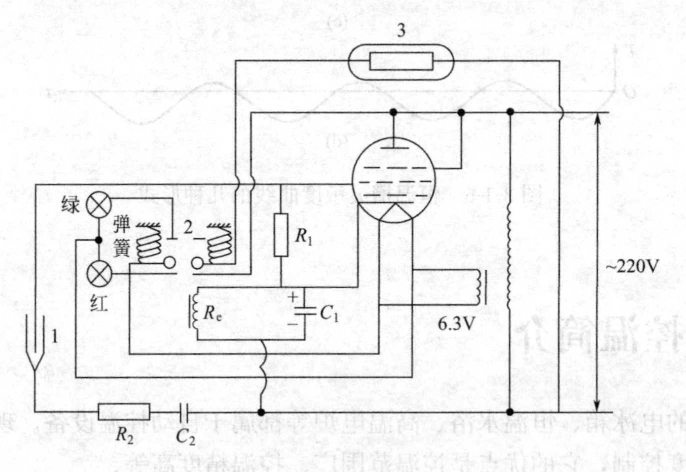

图 3-2-2　电子管继电器线路图

1—接点温度计；2—衔铁；3—电热器

电子继电器控温灵敏度高，并且因电接点温度计通过的最大电流仅为 30μA，而使其有较长的使用寿命，所以得到普遍使用。

随着科技的发展，电子管继电器中电子管逐渐被晶体管代替，图 3-2-3 是其典型线路。

由于接点温度计、双金属膨胀类变换器不能用于高温，因而产生了可用于高温控制的动圈式温度控制器。采用适用于高温的热电偶作为变换器。热电偶可将温度信号变换成电压信号，加于动圈式毫伏计的线圈上，当线圈中因电流通过而产生的磁场与外磁场相互作用时，线圈就偏转一个角度，故称为“动圈”。偏转的角度与热电偶的热电势成正比，并通过指针在刻度板上直接将被测温度指示出来，指针上有一片“铝旗”，它可随指针左右偏转。另有

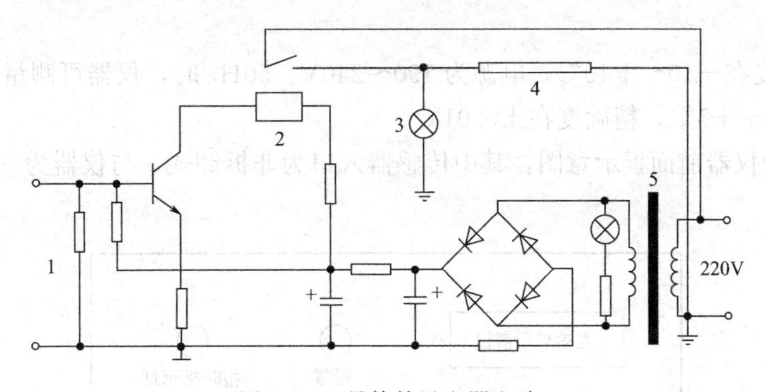

图 3-2-3　晶体管继电器电路

1—接触温度计；2—灵敏继电器；3—指示灯；4—电热器；5—电源变压器

一个安装在刻度后面的检测线圈，分为前后两半，用于调整设定温度，并且可以通过机械调节机构沿刻度板左右移动，通过设定针在刻度板上显示出检测线圈的中心位置。当高温设备的温度未达到设定温度时，铝旗在检测线圈之外，电热器在加热；当温度达到设定温度时，铝旗全部进入检测线圈，改变了电感量，电子系统使加热器停止加热。在温度控制器内设有挡针，防止当被控对象的温度超过设定温度时，铝旗冲出检测线圈而产生加热的错误信号。

(2) 比例-积分-微分控制（简称 PID）

虽然断续式二位置控制器比较方便，但由于只有通断两个状态，电流大小无法自动调节，控制精度较低，尤其是在高温时精度更低。因此控温精度较高的 PID 技术得到广泛应用。采用 PID 调节器，用可控硅控制加热电流，使其随偏差信号大小而作相应变化，大大提高了控温精度。

用热电偶测量炉温，由毫伏定值器给出与设定温度相应的毫伏值，热电偶的热电势与定值器给出的毫伏值进行比较，如有偏差，则炉温偏离设定值。此偏差经过放大后送入 PID 调节器，再经可控硅触发器推动可控硅执行器，从而调整炉丝加热功率，消除偏差，使炉温保持在所要求的温度控制精度范围内。比例调节作用，就是要求输出电压能随偏差（炉温与设定温度之差）电压的变化，自动按比例增加或减少，但当体系温度达到设定值时，偏差为零，加热电流也降为零，不能补偿体系与环境之间的热损耗，要使被控对象的温度在设定温度处稳定下来，必须使加热器继续给出一定热量，补偿体系与环境热交换产生的热量损耗。因此除了“比例调节”之外还需加“积分调节”和“微分调节”，积分调节就是使输出控制电压与偏差信号电压与时间的积分成正比，经过前期偏差信号的累计，使得偏差信号变得极小时仍能产生一个相当的加热电流。微分调节是使输出控制电压与偏差信号电压的变化速率成正比，而与偏差电压的大小无关。如果偏差电压发生突然变化，微分调节器会减小或增大输出电压，以克服由此而引起的温度偏差，保持被控对象的温度稳定。

3.3　JDF-3F 型精密温差测量仪使用说明

该仪器专用于精密温差测量，不能直接读出温度值。

JDF-3F 型精密温差测量仪采用热循环处理过的热电传感器作探头，仪器线路采用全集成设计。由探头传入的信号经运算放大器放大及数字转换成高亮度 LED 显示，并可与计算机接口。

当环境温度在－10～＋40℃，电源为190～240V、50Hz时，仪器可测量40℃温差，当温差范围在－5～＋5℃，精确度在±0.01℃。

图3-3-1为仪器前面板示意图，其中传感器入口为非拆卸式，与仪器为一个整体，以保证测量精度。

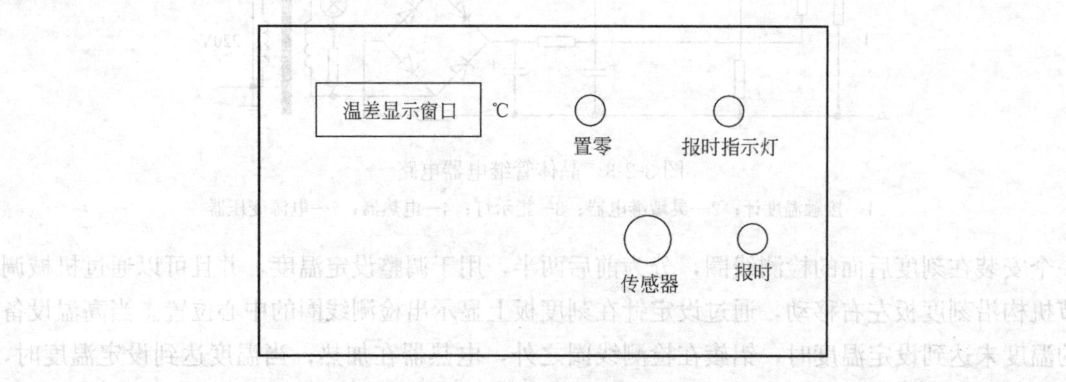

图3-3-1 温差测量仪

打开仪器后面的开关，温度显示窗口即出现LED数字显示，其数值为一任意值。在正式置零前，温度显示若消失为“………”时，则用手指按住“置零”键直至出现数字即可。注意，若正式置零后再出现上述情况（一般会自动恢复），一定不要再按“置零”键，否则将失去原始比较值，影响整个实验。

设定报时后，每隔30s面板上的红色指示灯闪烁一次，同时蜂鸣器鸣叫；也可只设定为指示灯闪烁，而蜂鸣器不鸣叫。

3.4 ZR-DX 金属相图实验装置

3.4.1 概述

ZR-DX金属相图实验装置（双通道）由ZR-DX金属相图控温仪（双通道）和ZR-08金属相图升降温电炉连接组成，用于测量金属样品的步冷曲线和二元合金相图。

特点：ZR-DX金属相图控温仪（双通道）采用十六位液晶显示器，轻触按键操作键盘。数字PID控温，升温、保温功率数字可调，降温速度无级调整，人工读数提示音间隔时间1~99s可调。

ZR-08金属相图升降温电炉共有8只加热器，分为4组，每组2只，对应的编号分别为1-2；3-4；5-6；7-8。拨动“加热器选择”旋钮，选择不同的加热器组。选择其中任意一组，则该组的两只加热器将同时加热。

3.4.2 技术指标

输入电压：220±10%V AC

环境温度：－10～40℃

控温范围：室温～450℃

分辨率：0.1℃

双组炉体加热功率：0～1000W可调

传感器类型：PT100铂电阻温度传感器，双传感器，可同时测量两种不同成分样品的步冷曲线。

3.4.3 操作说明

(1) ZR-DX金属相图控温仪（双通道）操作说明

ZR-DX金属相图控温仪（双通道）如图3-4-1所示。

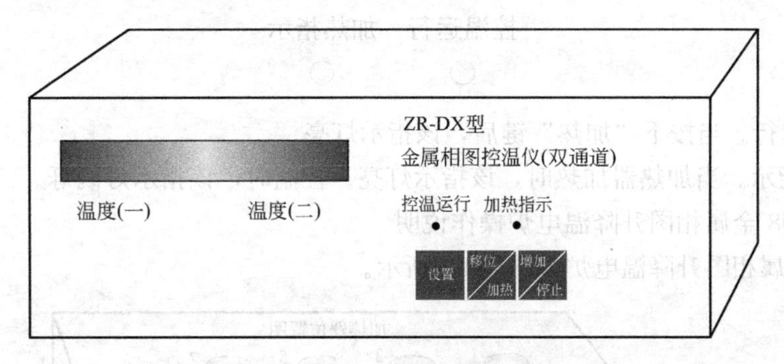

图3-4-1 ZR-DX金属相图控温仪（双通道）图

正常工作时，左边显示样品（一）的当前温度值；右边显示样品（二）的当前温度值，当设置完毕或按键后5s之内，没有任何操作，仪器将自动转入默认画面。如图3-4-2所示。

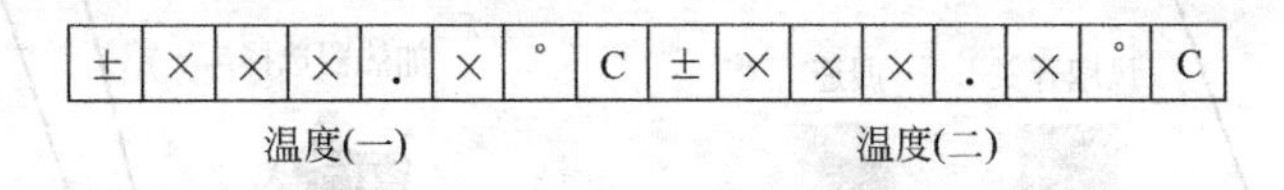

“温度（一）”显示被测样品一的当前温度（单位:℃）

“温度（二）”显示被测样品二的当前温度（单位:℃）

图3-4-2 ZR-DX金属相图控温仪默认画面

① 按键。仪器共有3个按键，分别是：设置、移位/加热、增加/停止。

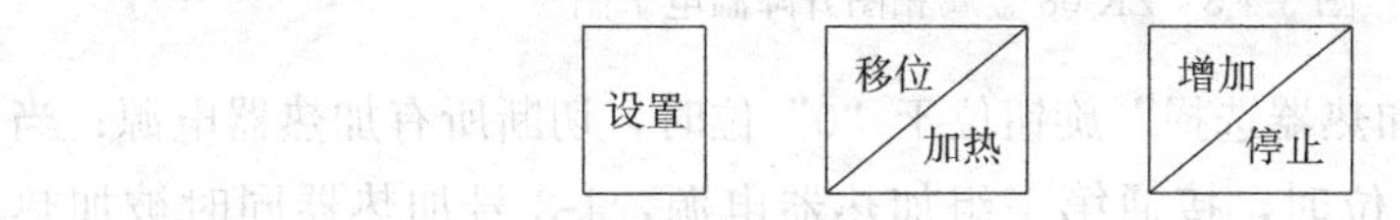

a. 设置。共有4个设置的内容，分别是：

ⓐ“目标温度”用于设定目标温度，设定范围：0.0～600℃

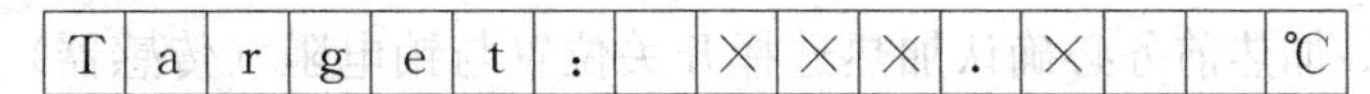

ⓑ“加热功率”用于设置加热功率，设定范围：1%～100%

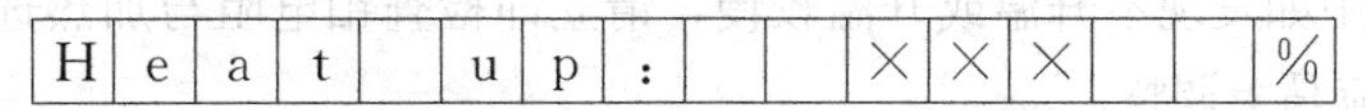

ⓒ“保温功率”用于设置保温功率，设置范围：1%～100%

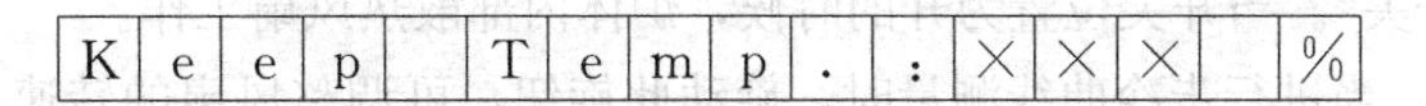

ⓓ“定时时间”用于设置提示时间，设置范围：1～99 Sec

A	l	a	r	m		T	i	m	e	:	×	×		S

b. 移位/加热。在设置状态时，通过该键，可选择欲改变的数值位；在默认状态时，通过该键，启动加热器。

c. 增加/停止。在设置状态时，通过该键，可改变相应数值位的数值；在默认状态时，通过该键，关闭加热器。

② 指示灯。仪器有 2 个指示灯，分别是：控温运行和加热指示。

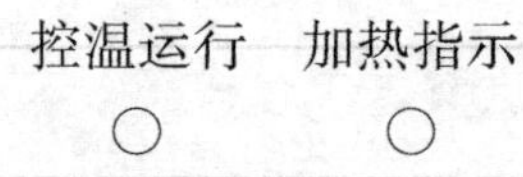

a. 控温运行。当按下“加热”键后，该指示灯亮。

b. 加热指示。当加热器加热时，该指示灯亮。控温时，该指示灯闪烁。

（2）ZR-08 金属相图升降温电炉操作说明

ZR-08 金属相图升降温电炉如图 3-4-3 所示。

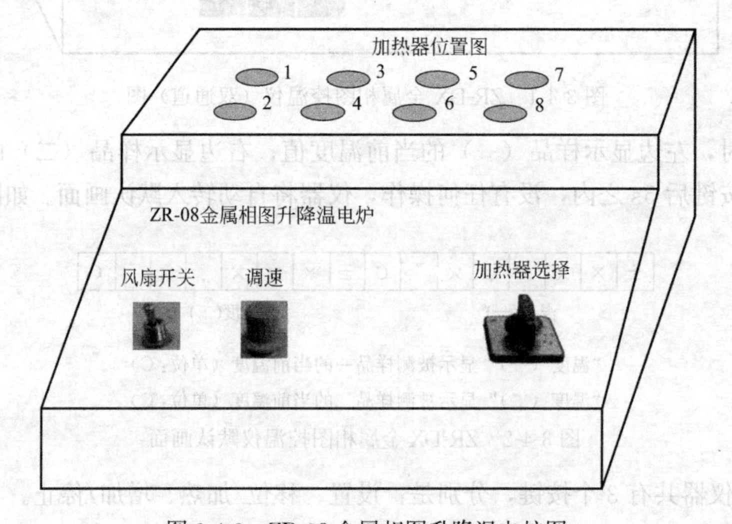

图 3-4-3 ZR-08 金属相图升降温电炉图

① 加热器位置。当“加热器选择”旋钮位于“0”位时，切断所有加热器电源；当“加热器选择”旋钮位于“1”位时，接通第一组加热器电源，1-2 号加热器同时被加热；当“加热器选择”旋钮位于“2”位时，接通第二组加热器电源，3-4 号加热器同时被加热；……；以此类推。

注意事项：a. 加热前务必确认加热选择开关位置与铂电阻（传感器）位置相对应，切不可在无铂电阻的位置加热炉体；

b. 加热过程中如发现不升温或升温较慢，请立即检查铂电阻与加热选择开关的位置是否对应，如不对应马上调整。

② 风扇开关和风扇调速。

a. “风扇开关”。当开关位置为开的时候，炉体内部散热风扇工作。

b. “调速”。当进行步冷曲线测量时，旋动此旋钮，可调整风扇的转速，控制电炉降温的速度。

注意事项：炉温若超过 400℃，应立即停止加热并打开风扇。如温度过高，应立即将铂电阻移到温度低的位置，避免铂电阻在高温下被烧坏。

3.5 电位差计构造原理及电动势的测定方法

3.5.1 UJ-25 型电位差计

(1) 电位差计构造原理

伏特计经常被用来测量电势，但其指示的电压是外电路的电压降，而不是电池的电动势（见图 3-5-1）。也就是说不能用伏特计来直接测量电池的电动势。因为电流回路中必须有适量的电流通过才能使伏特计显示，但电流会让电池发生化学反应，溶液浓度也会不断改变。另外伏特计也不可能排除电池本身内电阻的影响。

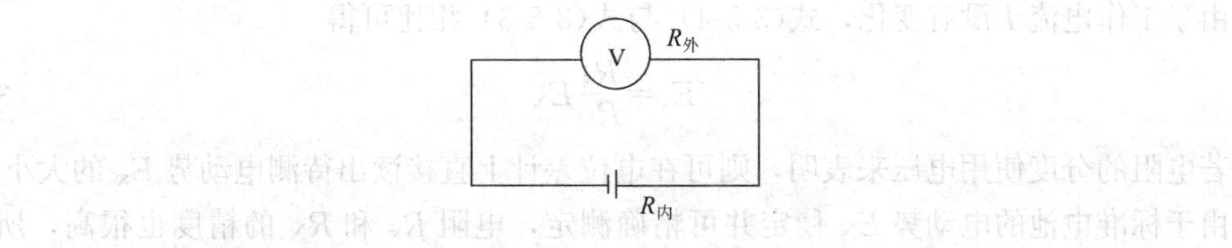

图 3-5-1　伏特计直接测量示意图

电池的电动势与外电路、内电路电阻的关系可以用式(3-5-1) 或式(3-5-2) 表示：

$$E=IR_{外}+IR_{内} \tag{3-5-1}$$

$$E=V+IR_{内} \tag{3-5-2}$$

要测量电池电动势 E，必须设法使电池内电阻的电压降 $IR_{内}$ 等于零。而电池的内阻 $R_{内}$ 不能为零，则设法使测量回路中电流 $I=0$。这种测量直流电源电动势的方法称为对消法，其原理如图 3-5-2 所示。实验中在外电路上加一个方向相反且电动势几乎相同的电池，以对抗待测电池的电动势。电位差计由工作电流回路、标准回路和测量回路组成。工作电流回路也称为电源回路，包括工作电源、电阻 R、R_1 和 R_2。工作电流回路借助于调节电阻 R 来在补偿电阻 R_N 上产生一定的电压降。标准回路包括标准电池、补偿电阻 R_N 和检流计，其作用是校准工作电流回路以标定补偿电阻的电压降。测量回路包括待测电池、电阻 R_x 和检流计。

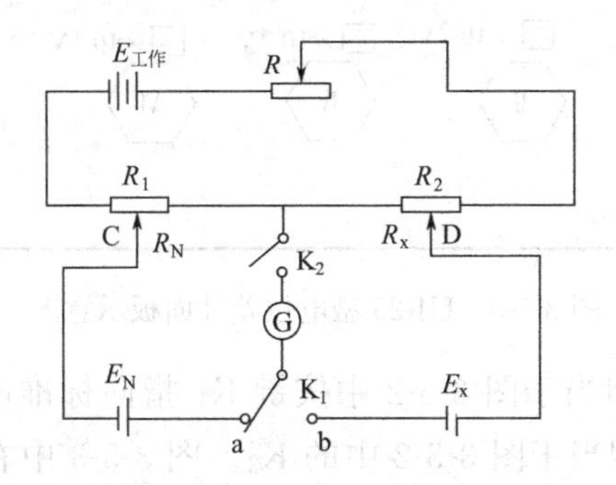

图 3-5-2　对消法测电动势示意图

标准电池 E_N 与工作电池 $E_{工作}$ 反向并联。当电键 K_1 接到 a，调节滑动接点 C，使 R_N 指示为当前温度下标准电池的电动势数值，即电阻 R_N 是标准电池的补偿电阻。按下电键 K_2，调节可变电阻器 R，使检流计 G 无电流通过。此时标准电池的电势 E_N 与电阻 R 上的电压降相互补偿，所以

$$E_{标}=IR_{N} \tag{3-5-3}$$

式中，电流 I 是通过电阻 R_1、R_2 的标准电流，也称电位差计的工作电流。此步调节操作称为电位差计的标准化操作过程。

电位差计测量电动势的操作必须在电位差计标准化以后。为保证电位差计工作电流 I 不变，测量时不能再调节可变电阻 R。将电键 K_1 指向 b，按下电键 K_2，调节可变电阻 R_2 滑动点 D 的位置，使检流计 G 中无电流通过。由于可变电阻 R_2 滑动点 D 位置的变化并不改变工作电路中电阻的大小，所以工作电流 I 保持不变。若此滑动点 D 调节电阻为 R_x 时，无电流通过检流计，则表明待测电动势 E_x 与电阻 R_x 上的电压降相互补偿，所以

$$E_x=IR_x \tag{3-5-4}$$

由于工作电流 I 没有变化，式(3-5-4) 与式(3-5-3) 相比可得

$$E_x=\frac{R_x}{R_N}E_N \tag{3-5-5}$$

若电阻的分度使用电压来表明，则可在电位差计上直接读出待测电动势 E_x 的大小。

由于标准电池的电动势 E_N 稳定并可精确测定，电阻 R_x 和 R_N 的精度也很高，所以只要用高灵敏度的检流计示零，就能准确测出待测电池的电动势。

(2) 电位差计测量电动势的方法

因用途不同，电位差计的结构类型有很大区别。这里仅就实验室常用的 UJ-25 型加以介绍。

UJ-25 型电位差计面板如图 3-5-3 所示。

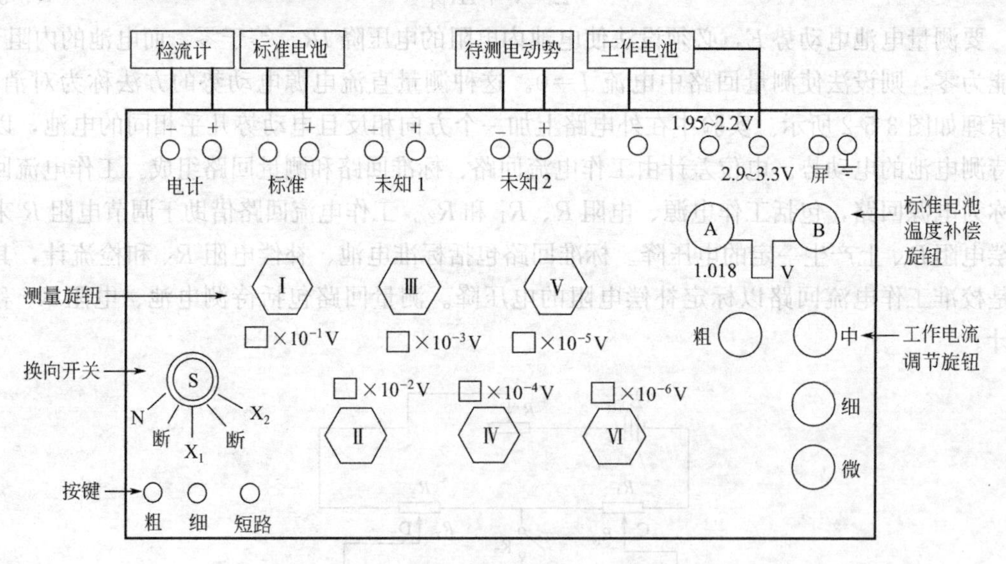

图 3-5-3　UJ-25 型电位差计面板示意图

面板上 S 旋钮转向 N 相当于图 3-5-2 中按键 K_1 指向标准电池 $E_{标}$，左下角的“粗”、“细”和“短路”三个按键相当于图 3-5-2 中的 K_2。图 3-5-3 中右侧的“粗”、“中”、“细”和“微”旋钮是调节电位差计工作电流的可变电阻器，相当于图 3-5-2 中的电阻 R。A、B 是标准电池电动势数值的温度补偿器，根据实验温度下相应的标准电池电动势数值调节 A、B 为 1.018 后的两位数字。将 S 旋钮转向 X_1 或 X_2，依次调节测量旋钮直至检流计指针不再偏转，即可测出待测电池 X_1 或 X_2 的电动势值。

使用方法如下。

① 按图 3-5-2 所示连接好线路。除了电位差计接线柱外，其他均要求“+”接正极、“−”接负极。将检流计置于“220V”和“×0.1”挡。

② 标准化操作。将换向开关 S 旋钮转向 N，调节 A、B 指示出标准电池电动势数值，间歇式按动 K 键的“粗”按钮，调节“粗”旋钮直到检流计偏转不大后，再继续间歇式按动“细”按钮，依次调节“中”、“细”旋钮直到检流计光点指示零点，即标准化完毕。注意在使用“粗”和“细”键时要一按即起，不能长时间按下。

③ 电动势的测量。根据线路连接情况将换向开关 S 旋钮转向 X_1 或 X_2，即若连接线路时待测电池连接在“未知 1”，则 S 旋钮转向 X_1，；若待测电池连接在“未知 2”，则 S 旋钮转向 X_2。间歇按下 K 键的“粗”按钮，先调节旋钮Ⅰ，再调节旋钮Ⅱ，使检流计偏转最小，再间歇按动“细”按钮，并依次调节旋钮Ⅲ、Ⅳ、Ⅴ和Ⅵ，直至检流计光点指示零点。Ⅰ～Ⅵ旋钮上的读数之和即为未知电池电动势的数值。

④ 实验完毕，将检流计的分流器开关置于“短路”挡，电源开关指示为“6V”。将电位差计的换向开关 S 旋钮置于“断路”挡，测量旋钮Ⅰ～Ⅵ均置零。

注意事项如下。

① 要正确连接电池的正负极，否则将损坏标准电池和检流计。

② 标准电池使用时不可倾倒、不可倒放，正负极不可接反。

③ 为保持电位差计工作电流 I 不变，电位差计标准化后，在测量电动势的过程中，可变电阻器“粗”、“中”、“细”和“微”各旋钮不能再转动。进行一段实验后可对仪器再进行一次标准化操作，以防止电位差计因工作电流变化给实验结果带来偏差。

④ 若发现检流计受到冲击，应迅速地间歇式按动“短路”键以保护检流计。

⑤ 测量过程中，“粗”、“细”和“短路”三个按键按下的时间应尽量短促，以防止电池被极化而偏离平衡状态。

3.5.2　EM-2A 型数字式电子电位差计

(1) 说明

EM-2A 型数字式电子电位差计，采用了内置的可代替标准电池的精度极高的参考电压集成块作为比较电压。仪器线路设计采用全集成器件，被测电动势与参考电压经过高精度的仪表放大器比较输出，达到平衡时即可知道被测电池电动势的大小。此仪器保留了平衡法测量电池电动势的原理，分辨率为 0.01mV，精确度为 0.005％FS。仪器工作电压为 190～240V、50Hz；工作环境的温度范围为−20～40℃。电子电位差计的前面板如图 3-5-4 所示。

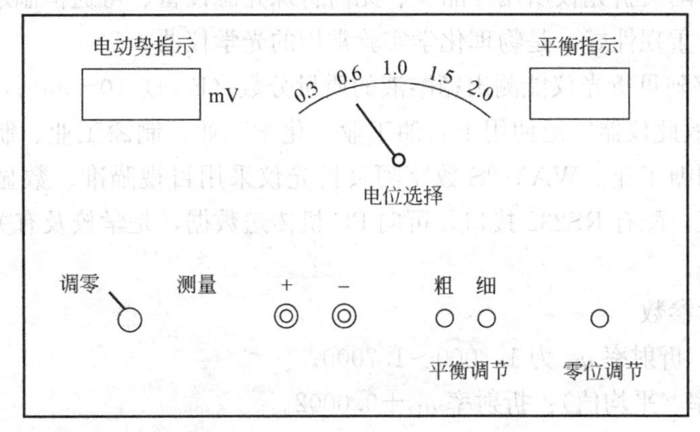

图 3-5-4　电子电位差计前面板

（2）使用方法

① 在后面板打开电源开关，前面板的“电动势指示”和“平衡指示”即亮，预热5min。

② 将被测电池的正、负极分别与前面板的“+”、“−”相接。

③ 将前面板左下的按钮开关拨至“调零”，调节右下的“零位调节”电位器，使“平衡指示”数字显示稳定在零值附近，波动值在±2之间即可。

④ 预先从理论上估计被测电池的电动势值，将“电位选择”开关拨至相应的挡位。例如“Zn-饱和甘汞”的 $E^{\ominus}$（298K）约为1.07V，则选择开关拨至1.5V挡。

⑤ 将前面板左下的按钮开关拨至“测量”，先后调节“平衡调节”处的“粗”、“细”调节电位器，使“平衡指示”数字显示在零值附近，波动值在±2之间即可。此时等待“电动势指示”显示的数字稳定下来，此稳定值即为被测电动势值。

（3）注意事项

① 不要将仪器放置在有强电磁场干扰的区域内。

② 因仪器精度高，测量时应单独放置，不可叠放仪器，也不要用手触摸仪器外壳。

③ 因仪器精度高，每次调节后，“电动势指示”处的数码显示需经过一段时间后才能稳定。

④ 测试完毕后，要将被测电动势及时取下。

⑤ 为了保证仪器精度，可每年校准一次。

具体方法为：打开仪器上的面板，打开电源，接好标准电池，显示正常后调整平衡。此时，在仪器内部主电路板的右下方可见两只黑色的键。掀下左键，则显示值持续增加0.10mV左右；掀下右键，则显示值持续减少0.01mV左右；同时掀下左右键，则显示值持续减少0.10mV左右。此步骤由老师操作。

3.6　WAY-2S数字阿贝折光仪

折射率是物质的重要光学常数之一，能借以了解物质的光学性能、纯度等。阿贝折光仪是根据光的全反射原理，利用全反射临界角的测定方法测定折射率，从而定量分析溶液成分，检验物质纯度。它也是测定分子结构的重要仪器，折射率数据可用于求算摩尔折射度、极性分子偶极矩。阿贝折光仪所用样品少、无需特殊光源设备、可通恒温水浴保持所需恒定温度、精确度高、重现性好，是物理化学实验常用的光学仪器。

WAY-2S数字阿贝折光仪能测出糖溶液的质量分数（Brix）（0～95%，相当于折射率为1.333～1.531），故此仪器广泛使用于石油工业、化学工业、制漆工业、制药工业、日化工业、食品工业、制糖工业。WAY-2S数字阿贝折光仪采用目视瞄准、数显读数、测定锤度时可进行温度修正，配有RS232接口，可向PC机传送数据，是学校及有关科研单位不可缺少的常用设备之一。

（1）主要技术参数

① 测量范围：折射率 n_D 为1.3000～1.7000。

② 测量准确率（平均值）：折射率 n_D ±0.0002。

③ 蔗糖质量分数（锤度Brix）：显示范围0～95%。

④ 温度显示范围：0～50℃。

⑤ 电源：220V 频率 50Hz。

⑥ 输入功率或电源：30W。

⑦ 使用温度范围：室温～35℃。

(2) 原理

数字阿贝折光仪测定透明或半透明物质的折射率的原理是基于测定临界角，由目视望远镜部件和色散校正部件组成的观察部件来瞄准明暗两部分的分界线，也就是瞄准临界的位置，并由角度-数字转换部件将角度置换成数字量，输入微机系统进行数据处理，而后数字显示出被测样品的折射率或锤度。WAY-2S 数字阿贝折光仪工作原理见图 3-6-1。

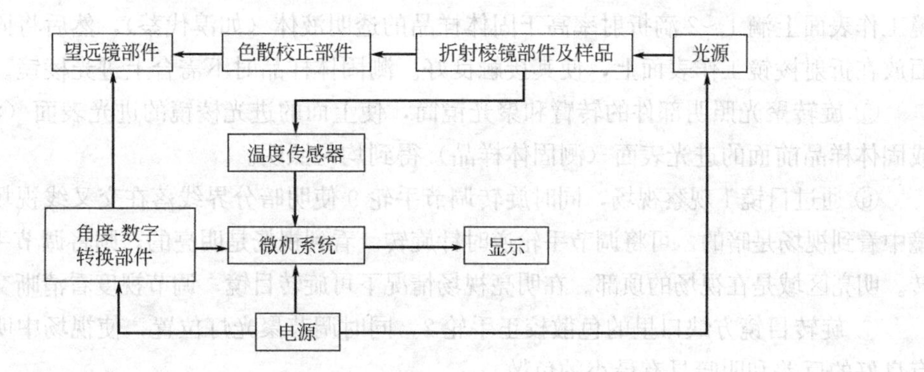

图 3-6-1　折光仪原理方块图

(3) 仪器结构（图 3-6-2）

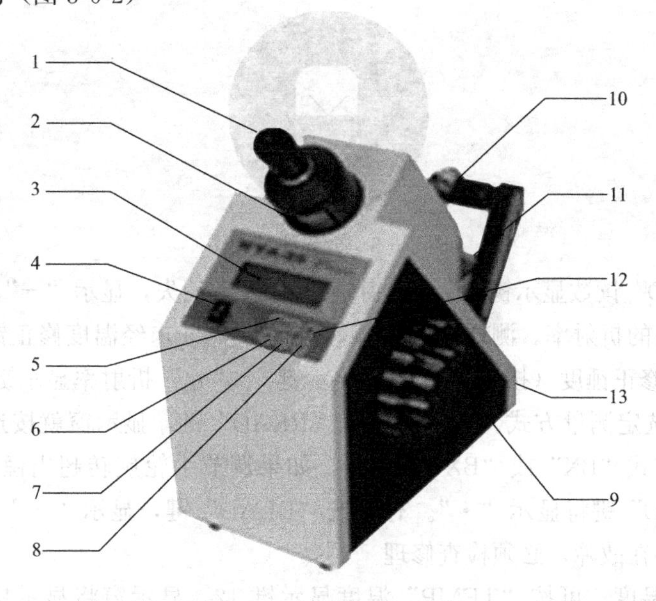

图 3-6-2　阿贝折光仪图

1—目镜；2—色散校正手轮；3—显示窗；4—“POWER”电源开关；
5—“READ”读数显示键；6—“BX-TC”经温度修正锤度显示键；
7—“n_D”折射率显示键；8—“BX”未经温度修正锤度显示键；
9—调节手轮；10—聚光照明部件；11—折射棱镜部件；
12—“TEMP”温度显示键；13—RS232 接口

（4）操作步骤及使用方法

① 按下“POWER”电源开关 4，聚光照明部件 10 中照明灯亮，同时显示窗 3 显示“00000”。

② 打开折射棱镜部件 11，移去擦镜纸，这张擦镜纸在不使用时放在两棱镜之间，防止关上棱镜时，可能留在棱镜上细小硬粒损坏棱镜工作表面。

③ 检查上下棱镜表面，并用水或酒精小心清洁并干燥。测定每一个样品后也要仔细清洁两块棱镜表面，防止留在棱镜上的原来样品影响下一个样品的测量。

④ 将被测样品放在折射棱镜的工作表面上。如样品为液体，可用干净滴管吸 1～2 滴液体样品在棱镜工作表面上（不要让滴管碰到棱镜面），合上进光棱镜。如样品为固体，则固体样品必须有一个经过抛光加工的平整表面。测量前需将抛光表面擦净，并在下面的折射棱镜工作表面上滴 1～2 滴折射率高于固体样品的透明液体（如溴代萘），然后将固体样品抛光面放在折射棱镜工作表面上，使其接触良好。测固体样品时不需合上进光棱镜。

⑤ 旋转聚光照明部件的转臂和聚光镜筒，使上面的进光棱镜的进光表面（测液体样品）或固体样品前面的进光表面（测固体样品）得到均匀照明。

⑥ 通过目镜 1 观察视场，同时旋转调节手轮 9 使明暗分界线落在交叉线视场中。如从目镜中看到视场是暗的，可将调节手轮逆时针旋转。看到视场是明亮的，则将调节手轮顺时针旋转。明亮区域是在视场的顶部。在明亮视场情况下可旋转目镜，调节视度看清晰交叉线。

⑦ 旋转目镜方缺口里的色散校正手轮 2，同时调节聚光灯位置，使视场中明暗两部分具有良好的反差和明暗具有最小的色散。

⑧ 旋转调节手轮，使明暗分界线准确对准交叉线的交点（见图 3-6-3）。

图 3-6-3 分界线示意图

⑨ 按“READ”读数显示键 5，显示窗中“00000”消失，显示“－”，数秒后“－”消失，显示被测样品的折射率。测样品的锤值，可按“BX”未经温度修正锤度显示键 8 或按“BX-TC”经温度修正锤度（按 ICUMSA）显示键 6。“n_D”折射率显示键 7、“BX”、“BX-TC”三个键用于选定测量方式。选定后再按“READ”键，显示窗就按选定的测量方式显示。当选定测量方式“BX”或“BX-TC”时，如果调节手轮旋转超出锤度测量范围（0～95%），按“READ”键将显示“·”。有时按“READ”键，显示“－”，数秒后显示窗全暗，该仪器可能存在故障，必须检查修理。

⑩ 检测样品温度，可按“TEMP”温度显示键 12，显示窗将显示样品温度。除了按“READ”键后，显示窗显示“－”时，按“TEMP”键无效，其他情况下都可以对样品进行温度检测。显示温度时，再按“n_D”、“BX”、“BX-TC”键将显示原来的折射率或锤度。

⑪ 样品测量结束后，必须用酒精或水（样品为糖溶液）进行小心清洁。

⑫ 本仪器折射棱镜部件中有通恒温水结构。如需测定样品在某一特定温度下的折射率，仪器可外接恒温器，将温度调节到所需温度进行测量。

（5）仪器校正

仪器定期进行校准。对测量数据有怀疑时，也可以对仪器进行校准。校准时用蒸馏水或玻璃标准块。如测量数据与标准有误差，可用钟表螺丝刀通过色散校正手轮中的小孔，小心旋转里面的螺钉，使分划板上交叉线上下移动，然后再进行测量，直到测数符合要求为止。样品为标准块时，测数应符合标准块上所标定的数据。如样品为蒸馏水，测数如表 3-6-1 所示。

表 3-6-1　蒸馏水温度-折射率标准值对照

温度/℃	折射率 n_D	温度/℃	折射率 n_D
18	1.33316	25	1.33250
19	1.33308	26	1.33239
20	1.33299	27	1.33228
21	1.33289	28	1.33217
22	1.33280	29	1.33205
23	1.33270	30	1.33193
24	1.33260		

（6）仪器的维护与保养

① 仪器应放在干燥、空气流通良好且温度适宜的地方，以免光学零件受潮发霉。

② 搬动仪器时应手托仪器的底部搬动，不可提握仪器聚光照明部件中的摇臂，以免损坏仪器。

③ 仪器应避免强烈振动或撞击，防止光学零件振碎、松动而影响精度。

④ 仪器使用前后及更换样品时，均应清洁镜面，滴加样品时勿将滴管或其他硬物碰到镜面以免造成划痕。使用完毕后应用丙酮或乙醚洗净镜面，并用镜头纸吸干液体，不能用力擦，防止将毛玻璃面擦光。

⑤ 被测试样品不准有固体杂质，测试固体样品时应防止折射棱镜的工作表面拉毛或产生压痕，本仪器严禁测试腐蚀性较强的样品（如强酸、强碱和氟化物）。

⑥ 如聚光照明系统中灯泡损坏，可将聚光镜筒沿轴取下，换上新灯泡，并调节灯泡左右位置（松开旁边的固定螺钉）、使光线聚光在折射棱镜的进光表面上，并不产生明显偏斜。

⑦ 仪器聚光镜是塑料制成的，为了防止带有腐蚀性的样品对它的表面破坏，使用时用透明塑料罩将聚光镜罩住。

⑧ 仪器不用时应用塑料罩将仪器盖上或将仪器放入箱内。

⑨ 使用者不得随意拆装仪器，如仪器发生故障，或达不到精度要求时，应及时送修。

3.7　旋光仪

（1）仪器的作用

旋光仪是测定物质旋光度的仪器。通过对物质旋光度的测定，可以分析确定物质的浓度、含量及纯度等。WZZ-2B 型自动旋光仪采用光电自动平衡原理进行旋光测量，测量结果由数字显示，它具有稳定可靠、灵敏度高、读数方便、体积小等优点。

（2）仪器的性能

① 测量范围：－45°～＋45°。

② 准确度：±(0.01°＋测量值×0.05%)。

③ 读数重复性：≤0.01°。

④ 显示方式：五位 LCD（最小读数：0.002°）。

⑤ 光源：钠单色光源，波长为 589.44nm。

⑥ 试管：长度 100mm 和 200mm 两种。

⑦ 电源：220V±22V，50Hz±1Hz。

（3）仪器的结构及原理

① 旋光现象和旋光度。一般光源发出的光，其光波在垂直于传播方向的一切方向上振动，这种光称为自然光，或称非偏振光；而只在一个方向上有振动的光称为平面偏振光。当一束平面偏振光通过某些物质时，其振动方向会发生改变，此时光的振动面旋转一定的角度，这种现象称为物质的旋光现象，这种物质称为旋光物质。旋光物质使偏振光振动面旋转的角度称为旋光度。WZZ-2B 型自动旋光仪就是利用旋光物质的旋光性而设计的。

② 旋光仪结构及原理。WZZ-2B 型自动旋光仪的结构如图 3-7-1 所示。

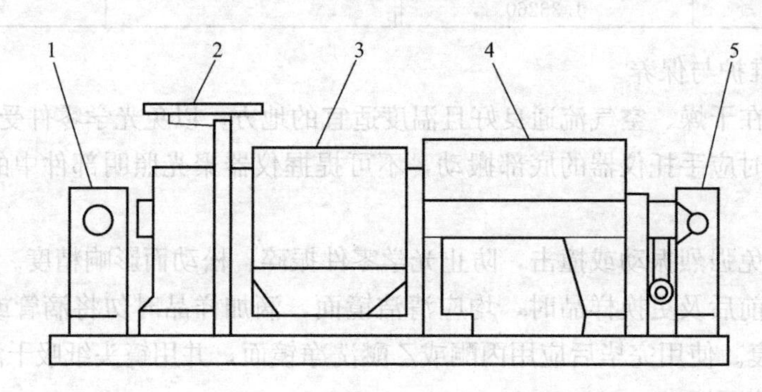

图 3-7-1 旋光仪的结构示意图

1—光源；2—计数盘；3—磁旋线圈；4—样品室；5—光电倍增管

WZZ-2B 型自动旋光仪采用 20W 钠光灯作光源，由小孔光栏和物镜组成一个简单的点光源平行光管，平行光经偏振镜后变为平面偏振光，当它经过有法拉第效应的磁旋线圈时和有旋光物质的样品室后，其振动平面发生变化，所产生的偏振光投射到光电倍增管上，产生交变的电信号，从而记录样品的旋光度。

（4）仪器的操作方法

WZZ-2B 型自动旋光仪的显示板如图 3-7-2 所示。

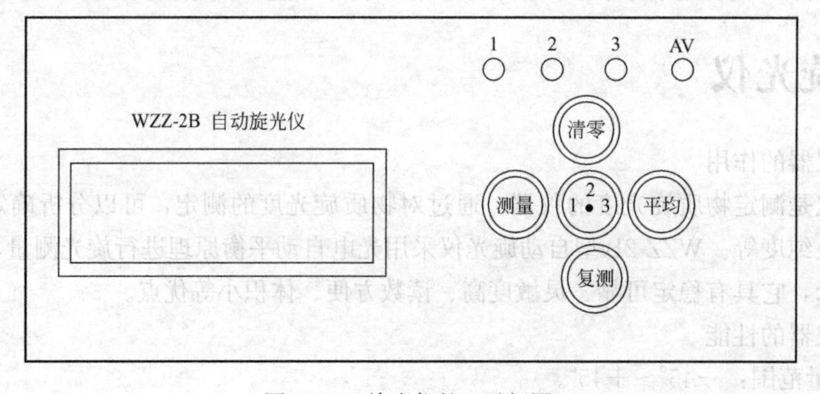

图 3-7-2 旋光仪的显示板图

① 将仪器电源插入 220V 交流电源（要求使用交流电子稳压器 1kV · A），并将接地线可靠接地。

② 向上打开电源开关（右侧面），这时钠光灯在交流工作状态下起辉，经 5min 钠光灯激活后，钠光灯才发光稳定。

③ 向上打开光源开关（右侧面），仪器预热 20min（若光源开关扳上后，钠光灯熄灭，则需光源开关上下重复扳动 1～2 次，使钠光灯在直流供电下点亮）。

④ 按“测量”键，这时液晶屏应有数字显示。注意：开机后“测量”键只需按一次，如果误按该键，则仪器停止测量，液晶屏无显示。使用者可再次按“测量”键，液晶重新显示，此时需重新校零。若液晶屏已有数字显示，不需按“测量”键。

⑤ 将装有蒸馏水或其他空白溶剂的试管放入样品室，盖上箱盖，待示数稳定后，按“清零”键。试管中若有气泡，应先让气泡浮在凸颈处；若通光面两端有雾状水滴，应用软布或镜头纸拭干；试管螺帽不宜旋得过紧，以免产生应力而影响读数。安放试管时应注意标记的位置和方向。

⑥ 取出试管，将待测样品注入试管，按相同的位置和方向放入样品室内，盖好箱盖，仪器将显示出该样品的旋光度，此时指示灯“1”点亮。注意：实验前试管内腔应用少量被测试样冲洗 3～5 次。

⑦ 按“复测”键一次，指示灯“2”点亮，表示仪器显示第一次复测结果，再次按“复测”键，指示灯“3”点亮，表示仪器显示第二次复测结果。按“1”、“2”、“3”键，可切换显示各次测量的旋光度值。按“平均”键，显示平均值，指示灯“AV”点亮。

⑧ 如样品超过测量范围，仪器会在±45°处来回振荡。如出现上述情况，应先取出试管，将试液稀释一倍再测。

⑨ 仪器使用完毕后，应依次关闭光源、电源开关。

⑩ 钠灯在直流供电系统出现故障不能使用时，仪器也可在钠灯交流供电（光源开关不向上开启）的情况下测试，但仪器的性能可能略有降低。

⑪ 当放入小角度样品（<±5°）时，示数可能变化，这时只要按“复测”按钮，就会出现新数字。

(5) 测定比旋光度、纯度或含量

① 测定比旋光度、纯度。先按标准浓度配制好溶液，依法测出旋光度，然后按下列公式计算出比旋光度$[\alpha]$

$$[\alpha]=\frac{\alpha}{LC}$$

式中，α 为所测的旋光度，(°)；C 为溶液的浓度，g/cm^3；L 为试管中溶液的长度，dm。

由测得的比旋光度，可求得样品的纯度

$$纯度=\frac{实测比旋光度}{理论比旋光度}\times 100\%$$

② 测定含量或浓度。将已知纯度的标准样品或参照品按一定比例稀释成若干不同浓度的样品，分别测出其旋光度。然后以浓度为横轴，以旋光度为纵轴，绘成旋光曲线。测定时，先测出样品的旋光度，从旋光曲线上据旋光度查出该样品的含量或浓度。旋光曲线示意

图如图 3-7-3 所示。

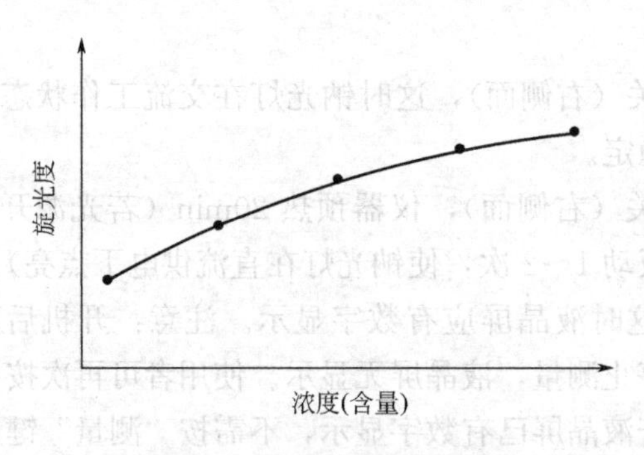

图 3-7-3　旋光曲线示意图

3.8　DDSJ-308 型电导率仪使用说明

DDSJ-308 型电导率仪（见图 3-8-1）是一种使用面很广的常规分析仪器，它适用于实验室精确测量水溶液的电导率及温度，技术参数如下：

当选用常数为 0.01 的电极时，测量范围为 0～200μS/cm

当选用常数为 0.1 的电极时，测量范围为 0～2000μS/cm

当选用常数为 1.0 的电极时，测量范围为 0～20000μS/cm

当选用常数为 10.0 的电极时，测量范围为 0～200000μS/cm

注意：当电导率≥20000μS/cm 时，一定要用常数为 10 的电极。

温度测量范围为 0～50.0℃，电导率基本误差为±0.5%（FS），温度补偿 0～50.0℃，由 DY-1 型通用电源器提供±12V 直流电源。

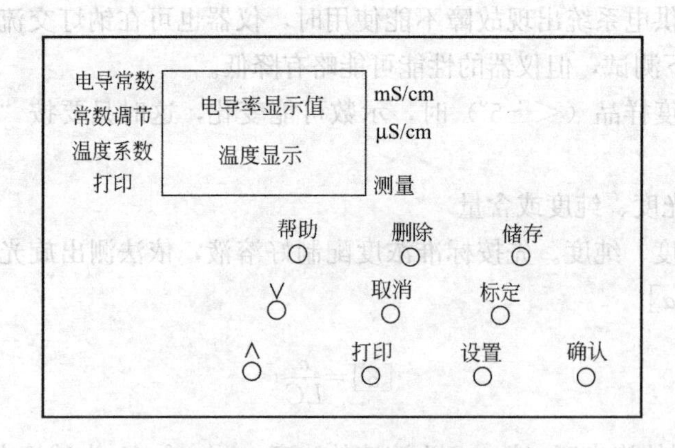

图 3-8-1　DDSJ-308 型电导率仪

仪器后面板从左至右装有电源插座、测量电极插座、温度传感器插座、接地接线柱、打印机插头。若接入温度探头，则仪器显示窗下排数据为溶液当时的温度值，上排数据为所测溶液折算成 25℃的电导率值；若不接温度探头，下排显示 25℃，并非溶液实际温度，上排数据是未经温度补偿的实际温度下的电导率值。

仪器面板右方 10 个功能键的作用如下：

① 设置键。可用于设置电极常数 K、温度补偿系数 α；设置打印机以打印所储存的测

量数据；或设置即时打印中的起始序号。

② 确认键。用于确认当前的操作状态以及操作数据。

③ ∧、∨键。称上行、下行键，主要用于调节参数，或功能之间的翻转。

④ 储存键。用于储存当前的测量数据及对应的参数值。

⑤ 标定键。用于标定电极常数。

⑥ 打印键。用于打印当前的测量数据或所储存的测量数据。

⑦ 取消键。主要用于从设置状态返回到测量状态。

⑧ 删除键。用于删除所储存的测量数据。

⑨ 帮助键。利用此键，用户可借助于打印机，得到有关当前操作的提示。

电源接通后，仪器首先显示本仪器型号，片刻后，直接进入测量状态，右下角“▲”闪烁且指向测量，右上角“▲”闪烁且指向电导率的单位，此时仪器采用的参数为用户最新设置的参数，这样，用户如果不需改变参数，则无需进行任何操作即可直接进行测量（仪器出厂时，初始值定为 $K=1.00$，$\alpha=0.020$）。

3.9 真空技术

真空技术是一门理论与实验结合得十分紧密的学科。近半个世纪以来，真空技术随着科学的发展得到了相当广泛的应用。近代尖端科学技术领域，如高能粒子加速器、空间技术、表面科学、薄膜技术等方面，真空技术也占有一席之地；工业技术领域，如冶金、喷镀、半导体材料、电子、航空、化工、纺织、医疗、食品等以及人们的日常生活都离不开真空和真空技术。目前，这门学科已经成为一门必不可少的基础学科。

真空是指充有低于一个大气压的气体的给定空间，即在给定空间内，分子密度小于约 2.5×10^{19} 分子数/cm^3。真空具有以下特点：真空的压强低于一个大气压，故真空容器表面承受着大气压的压力作用，压力的大小由容器内外压强差决定；真空中气体较稀薄，故分子之间或分子与其他粒子（如电子、离子）之间的碰撞频率较低，在一定时间内气体分子与容器表面的碰撞次数也相应较少。真空以上特点，被广泛应用于工业生产以及科学研究的各个领域。

真空技术是研究真空这个特殊空间内的气体状态，涉及的内容有：真空物理、真空的获得、测量、检漏，以及真空系统的设计和计算等。本附录的目的是使学生了解真空技术的基本知识，掌握高真空的获得、测量和检漏的基本原理及方法。

3.9.1 实验原理

（1）真空及真空区域的划分

真空高低的程度是用真空度这个物理量来衡量的，即用真空度来描述气体的稀薄程度。分子密度，即容器中单位体积的分子数。分子密度越小，真空度越高。但由于气体密度这个物理量不易度量，真空度的高低便常以相同温度下气体的压强来表示，所以真空度的单位也就是压强的单位。相同温度下，气体压强 p 越高，分子密度就越大，真空度就越低；相反，气体压强 p 越低，分子密度就越小，真空度也就越高。真空度的国际单位是 Pa，它与另一常用的压强单位托（Torr）的换算关系为：1Torr＝133.3Pa。

通常按照气体空间的物理特性，常用真空泵和真空规的有效使用范围以及真空技术应用特点，将真空定性地划分为如下几个区段（这种划分并非唯一）：

粗真空　$<10^5 \sim 10^3$ Pa

低真空　$<10^3 \sim 10^{-1}$ Pa

高真空　$<10^{-1} \sim 10^{-6}$ Pa

超高真空　$<10^{-6} \sim 10^{-10}$ Pa

极高真空　$<10^{-10}$ Pa

就物理现象而言，粗真空以分子相互碰撞为主；低真空中分子相互碰撞和分子与器壁碰撞不相上下；但高真空时主要是分子与器壁碰撞；超高真空下分子碰撞器壁的次数减少而形成一个单分子层的时间已达到数分钟以上；极高真空时分子数目极少，以致统计涨落现象比较严重（大于5%），经典统计规律产生了偏差。

真空区域的划分方法较多。例如，还可以根据气体分子彼此碰撞、气体分子和器壁碰撞的情况，按气体分子平均自由程 l 与容器的直径 d 的比值来划分，即

低真空：$\frac{l}{d}<1$　　中等真空：$\frac{l}{d}\approx 1$　　高真空：$\frac{l}{d}>1$

（2）真空的获得

各级真空均可通过各种真空泵来获得。目前，真空泵可分为外排型和内吸型两种。外排型是指将气体排出泵体之外，如旋片式机械泵、扩散泵和分子泵等；内吸型是指将气体吸附在泵体之内的某一固定表面上，如吸附泵、冷凝泵和离子泵等。不管是外排型还是内吸型，都不可能在整个真空范围内工作，有些泵可以直接从大气压下开始工作，但极限真空度都不太高，如机械泵和吸附泵，通常这类泵用作前级泵；而有些泵则只能在一定的预备真空条件下才能开始正常工作，如扩散泵、离子泵等，这类泵需要前级泵配合，可以作为高真空泵。

常用的获得低真空的方法是采用机械泵。机械泵是运用机械方法不断地改变泵内吸气空腔的容积，使被抽容器内气体的体积不断膨胀从而获得真空的泵。机械泵的种类很多，目前常用的是旋片式机械泵。

图3-9-1是旋片式机械泵的结构示意图，它是由一个定子和一个偏心转子构成。定子为圆柱形空腔，空腔上装着进气管和出气阀门，转子顶端保持与空腔壁相接触，转子上开有两个槽，槽内安放两个刮板，刮板间有一弹簧，当转子旋转时，两刮板的顶端始终沿着空腔的内壁滑动，整个空腔放置在油箱内。

工作时，转子带着旋片不断旋转，就有气体不断排出，完成抽气作用。旋片旋转时的几个典型位置如图3-9-2所示。当刮板A通过进气口［如图3-9-2（a）所示的位置］时开始吸气，随着刮板A的运动，吸气空间不断增大，到图3-9-2（b）所示位置时达到最大。刮板继续运动，当刮板A运动到如图3-9-2（c）所示位置时，开始压缩气体，压缩到压强大于一个大气压时，排气阀门自动打开，气体被排到大气中，如图3-9-2（d）所示。之后就进入下一个循环。

蒸汽压较低而又有一定黏度的机械泵油的作用是作密封填隙，以保证吸气和排气空腔不漏气，另外还起到润滑和帮助在气体压强较低时打开阀门的作用。

显然，转子转速越快，则抽速越大。若令最大吸气空腔的体积为 V_{max}(L)，转子的转速为 ω(r/s)，则泵的几何抽速为

$$S_{max}=2\omega V_{max}\text{(L/s)} \tag{3-9-1}$$

上式给出的是理想抽速，实际并不能达到。究其原因，是因为在排气阀门和转子与定子空

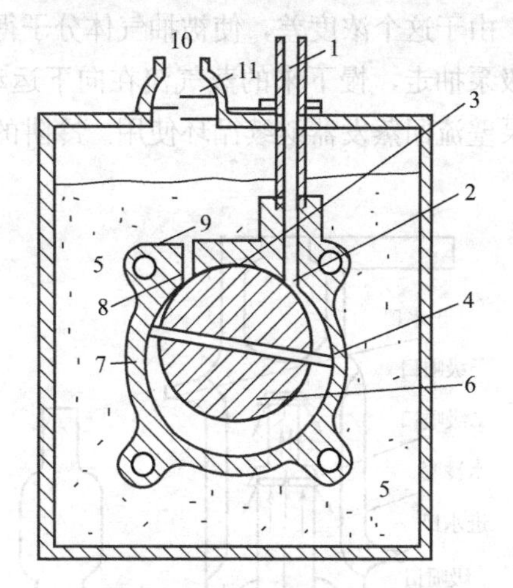

图 3-9-1　旋片式机械泵的结构示意图

1—进气管；2—进气口；3—顶部密封；4—刮板；5—油；6—转子；
7—定子；8—排气口；9—排气阀；10—排气口；11—挡油板

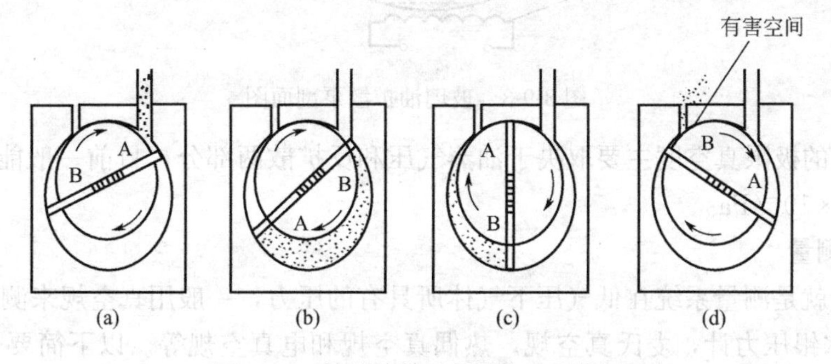

图 3-9-2　旋片旋转时的几个典型位置

腔接触处有一个“死角”，如图 3-9-2（d）所示，此空间的气体是刮板排不出去的，称为“有害空间”或“极限空间”。有害空间的存在不仅影响了泵的极限压强 p_μ，也影响到泵的抽速 S。设有害空间的体积为 $V_{\min}$、压强为 p_d，系统压强为 p，则有：

$$p_\mu = \alpha p_d V_{\min}/V_{\max} \tag{3-9-2}$$

$$S = S_{\max}(1 - p_\mu/p) \tag{3-9-3}$$

其中 α 是小于 1 的系数。通常机械泵的极限压强为 $1.333 \sim 1.333\times10^{-2}$ Pa。

最早用来获得高真空的泵是扩散泵，目前依然广泛使用。它是利用气体扩散现象来抽气的，通常根据结构材料不同可分为玻璃油扩散泵和金属油扩散泵两类。图 3-9-3 是玻璃油扩散泵的剖面图。泵的底部是装有真空泵油的蒸发器，真空泵油经泵外的电炉加热沸腾后，产生通过一定的油蒸气，其压强约为 13.33Pa。蒸气沿着蒸气导流管传输到上部，经由三级伞形喷口向下喷出，为了防止泵油在高温下被氧化失效，并降低气化点使之容易沸腾，油扩散泵必须在被前级泵抽至预备真空（压强约在 1.333～0.333Pa 或以下）状态下才能开始加热。所以，喷口外面的压强较油蒸气压低，于是便形成一股向出口方向运动的高速蒸气流，使之具有很好的运载气体分子的能力。气体分子由于热运动扩散进入射流，与油分子碰撞。由于油分子的相对分子质量大，碰撞的结果是油分子把动量转移给气体分子，油分子速度慢下来，而气体分子获得向下运动的动量后便迅速往下飞去。并且，在射流的界面内，气体分子不可能长期滞留，因而界面内气体分子浓度较小，由于这个浓度差，使被抽气体分子得以源源不断的扩散进入蒸气流而逐级带至出口，并被前级泵抽走，慢下来的蒸气流在向下运动的过程中碰到水冷的泵壁，油分子就被冷凝下来，沿着泵壁流回蒸发器继续循环使用。冷阱的作用是减少油蒸气分子进入被抽容器。

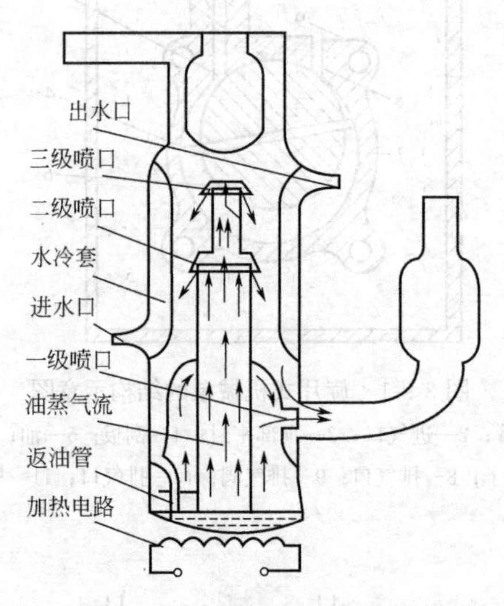

图 3-9-3　玻璃油扩散泵剖面图

油扩散泵的极限真空度主要取决于油蒸气压和反扩散两部分，目前一般能达到 $1.333\times10^{-5}\sim1.333\times10^{-7}$Pa。

3.9.2　真空测量

真空测量就是测量系统在低气压下气体所具有的压力，一般用真空规来测量。常用的真空规有 U 形水银压力计，麦氏真空规，热偶真空规和电真空规等。以下简要介绍前两种真空规。

(1) 麦克劳（麦氏）真空规

麦氏（McLeod）真空规的构造如图 3-9-4 所示。众所周知，低压下气体服从理想气体状态方程式，$pV=nRT$，其中 p、V、T 和 n 分别表示气体的压力、体积、温度和物质的量；R 为气体常数，其值为 8.314J/(mol·K)。在测量过程中，由于真空中气压低，测量缓慢，可以假定温度基本维持恒定不变。因此，若将真空规系统中一定量的残余气体加以压缩，比较压缩前后体积、压力的变化，即可算出待测系统的真空度。

具体测量原理如下。①调平衡。缓缓启开活塞 A，使真空规与被测真空系统相通。达到平衡时，真空规中气体的压力将和被测系统的气体压力相等。如果待测系统中气体的压力比真空规中气体的压力低，汞槽中的汞柱就会上升，可能还会进入玻璃泡内。为了不让汞槽中的汞柱上升，这时将三通活塞 B 开向辅助真空，并对储汞槽抽真空。待玻璃泡和闭口毛细管 S 中的气体压力与被测系统的压力达到稳定平衡后，便可进入下一步。②测量。将三通活塞小心缓慢地开向大气。为防止空气瞬间大量冲入，可以将三通活塞 B 通过一根毛细管和空气相接。接通后，汞槽中的汞柱缓慢上升。当汞面上升到切口处时，玻璃泡和毛细管 S 即形成一个封闭体系，其体积是事先标定过的。让汞面继续上升，封闭体系中的气体将不断被压缩，压力也不断增大，最后气体被压缩到闭口毛细管 S 内。与此同时，汞柱也通过左面的玻璃管进入到毛细管 R 中。开始时，毛细管 R 内的气体压力和玻璃泡内的气体压力相等。

经过压缩后，玻璃泡内毛细管 S 中气体的压力将大于毛细管 R 内气体的压力。因此，毛细管 R 中汞柱的高度将高于玻璃泡内毛细管 S 中汞柱的高度，记汞柱高度差为 h。如果气体在泡内毛细管 S 中的体积已知，根据理想气体状态方程式就可算出相应气体的压力，记为 p_0。由于被测真空系统的压力 p 等于毛细管 R 内的气体压力，它可由下式直接算出

$$p = p_0 - \rho g h$$

式中，ρ 为汞的密度；g 为重力加速度。

通常，麦氏真空规的量程范围为 $10 \sim 10^{-4}$ Pa。如果气体在压缩时发生凝聚，则不能用麦氏真空规测其压力。这是麦氏真空规的缺点。

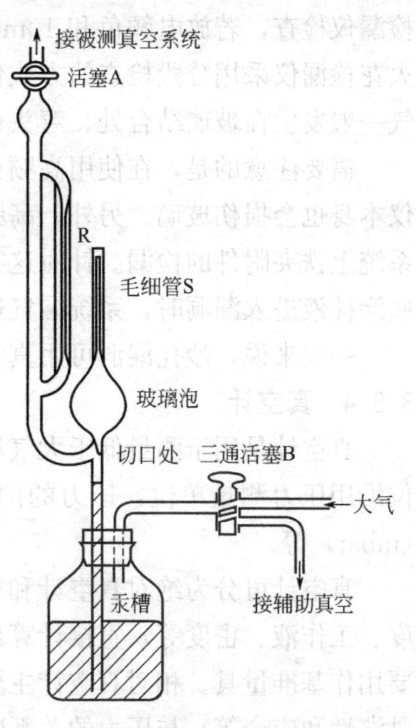

图 3-9-4 麦氏真空规装置示意图

(2) 热偶真空规和电离真空规

热偶真空规是利用低压时气体的导热能力与压力成正比的关系制成的真空测量仪。热偶真空规的量程为 $10 \sim 10^{-1}$ Pa。电离真空规是一支特殊的三级电离真空管。在特定的条件下，利用正离子流与压力的关系，来测量被测系统的真空度。电离真空规的量程是 $10^{-1} \sim 10^{-6}$ Pa。在商用真空规中，常将这两种真空规组合成复合真空计，其量程范围扩展至 $10 \sim 10^{-6}$ Pa。

3.9.3 真空检漏

(1) 真空泵的使用

扩散泵启动前，需先用机械泵将系统抽至低真空。然后接通冷却水，再接通电炉，将硅油逐步加热，缓缓升温，直至硅油沸腾并正常回流为止。为了避免硅油被氧化，在使用扩散泵时，注意要防止氧气或空气进入泵内。停止使用扩散泵时，应先关闭电炉的电源，待硅油停止回流时，再关闭冷却水。然后关闭扩散泵前后真空活塞，最后关闭机械电源。

(2) 真空系统的检漏

一般采用高频火花真空检漏仪来进行低真空系统的检漏。它是利用低压力（$10^2 \sim 10^{-1}$ Pa）下气体在高频电场中，发生感应放电时所产生的不同颜色，来检验被检真空系统是否漏气。使用时，按住开关，放电簧端应看到紫色火花，并听到类似的蝉鸣响声。将放电簧移近任何金属时，应产生至少三条火花线，长度大于 20mm。火花线的条数和长度可以通过调节仪器外壳上面的旋钮来加以改变。火花正常后，可将放电簧对准真空系统的玻璃壁。如果系统的真空度小于 10^{-1} Pa 或大于 10^3 Pa，则紫色火花不能穿过玻璃壁进入被检真空系统。如果系统的真空度在 $10^{-1} \sim 10^3$ Pa 之间，则紫色火花能穿过玻璃进入被检真空系统，并产生辉光。当玻璃真空系统上有微小的沙孔漏洞时，由于漏洞处大气的电导率比绝缘玻璃的电导率高很多，因此当高频火花真空检漏仪的放电簧靠近漏洞时，会产生明亮的光点。根据观察到的光点就可发现漏洞的位置。

以下具体介绍检漏过程。首先启动机械泵，并将真空系统压力抽至 10～1Pa。这时用高频火花检漏仪检查系统，可以看到红色的辉光放电、蓝白色的辉光放电、直至极蓝的荧光。它们分别对应于不同的真空度。关闭机械泵和被检系统连接的活塞。10min 后再用高频火花

检漏仪检查，若放电颜色和 10min 前的放电颜色不相同，则表示系统可能漏气。可用高频火花检漏仪采用分段检查的方式仔细检查，如发现有明亮的光点，则表明该处就是漏点。漏气一般发生在玻璃结合处、弯头处或活塞处，可重点检查这些地方。

需要注意的是，在使用高频火花检漏仪时，不要让检漏仪在一处停留过久。否则，检漏仪本身也会损伤玻璃。另外，高频火花检漏仪也不能用于金属真空系统的检漏以及玻璃真空系统上铁夹附件的检漏。针对这类情况，可在系统表面逐步涂抹丙酮、甲醇或肥皂液，当这些涂抹液进入漏洞时，系统漏气速率会减少，据此可以找到漏孔。

一般来说，沙孔漏洞可用真空泥封堵，较大的漏洞则需要重新焊接。

3.9.4 真空计

真空计是用于测量低于大气压的稀薄气体总压力的仪表，又称真空规。真空计的测量单位沿用压力测量单位，压力的国际单位为帕（Pa），曾使用的单位还有托（Torr）和毫巴（mbar）等。

真空计可分为绝对真空计和相对真空计两大类。凡能从其本身测得的物理量（如液柱高度、工作液、密度等）直接计算出气体压力的称绝对真空计，这种真空计测量精度较高，主要用作基准量具。相对真空计主要利用气体在低压力下的某些物理特性（如热传导、电离、黏滞性和应变等）与压力的关系间接测量，其测量精度较低，而且测量结果还与被测气体种类和成分有关。因此相对真空计必须用绝对真空计标定和校准后方能用作真空测量。但它能直接读出被测压力，使用方便，在实际应用中占绝大多数。

真空技术需要测量的压力范围为 $10^5 \sim 10^{-11}$Pa，甚至更小，宽达 16 个数量级以上，尚无一种真空计能适用于从粗真空（$10^5 \sim 10^2$Pa）、低真空（$10^2 \sim 10^{-1}$Pa）、高真空（$10^{-1} \sim 10^{-5}$Pa）、超高真空（小于 10^{-5}Pa）到极高真空（小于 10^{-10}Pa）的全范围测量，因而有多种真空计。最常用的有 U 形管真空计、压缩式真空计、电阻真空计和冷热阴极电离真空计等。

U 形管真空计是用来测量粗真空和低真空的绝对真空计。在 U 字形的玻璃管中充以工作液（低蒸气压的油、汞）。管的一端被抽成真空（或直接通大气），另一端接被测真空系统。根据两边管中的压差所造成的液柱差可测出被测真空系统的压力。实验采用 DPC-2B/2C 型数字式低压真空测压仪，该仪器可取代水银 U 形管压力计，可用于“饱和蒸汽压测定”等实验，无汞污染，安全可靠。

(1) 主要技术参数

① 电源电压：200～240V，50Hz。

② 环境温度：－20～＋40℃。

③ 量程：－101.3kPa～0kPa (DPC-2B)；－101.3kPa～0kPa (DPC-2C)。

④ 显示：4 位半（DPC-2C)。

⑤ 分辨率：0.1kPa (DPC-2B)；0.01kPa (DPC-2C)。

⑥ 精确度：0.1%。

(2) 仪器工作原理

选用精密差压传感器，将被测系统的压力信号转换为电信号。此微弱信号经过低漂移、高精度的集成运算放大器放大后，再由 14Bit 的 A/D 转换成数字信号。仪器的核心为 Intel8951 单片机芯片，同时可与 PC 机接口。仪器的数字显示采用高亮度 LED，字型清楚，亮度高。

（3）仪器结构

仪器的前面和背面如图 3-9-5 和图 3-9-6 所示。

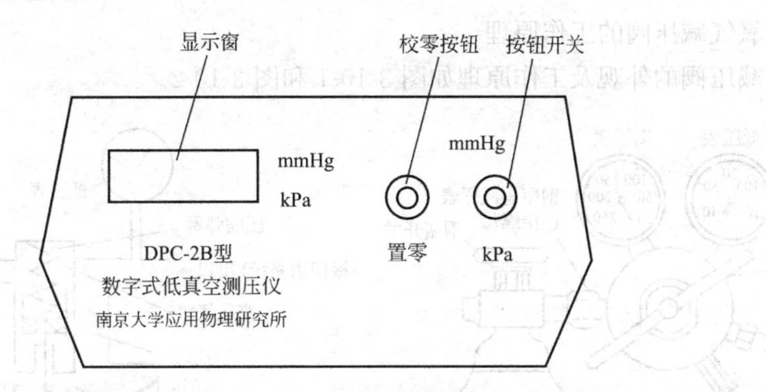

图 3-9-5　仪器前面板图

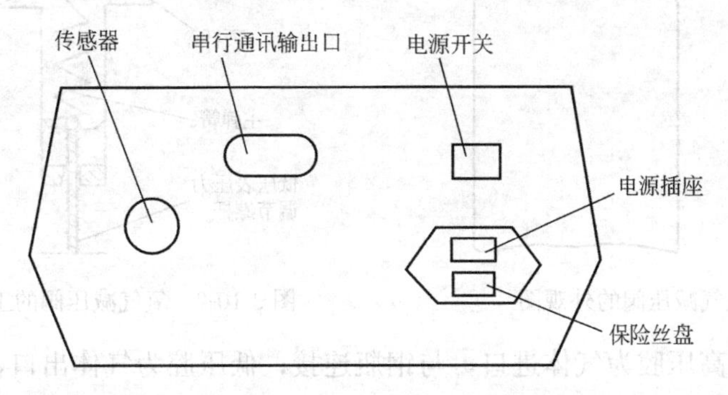

图 3-9-6　仪器后面板图

（4）操作步骤及使用方法

① 将传感器的吸气孔用橡皮管接入系统。

② 打开仪器背面的电源开关，15min 后将系统接入大气，表头显示数据即气压值，按下校零按钮，使面板显示值为“—0000”。

③ 前面板上按钮开关拨到“kPa”，表头显示气压的单位为“kPa”值；拨到“mmHg”时，表头显示气压的单位为“mmHg”值。

（5）仪器的维护与保养

① 不要将仪器放置在有强磁场干扰的区域内。

② 不要将仪器放置在通风的环境中，尽量保持仪器附近的气流稳定。

③ 压力传感器输入口不能进水或其他杂物。仪器上面请勿堆放其他物品。

④ 测量前按下前面板的校零按钮校零，测量过程中不可轻易校零。

⑤ 避免系统中气压有急剧变化，否则会缩短传感器的使用寿命。

⑥ 请勿带电打开仪器盖板。

3.10　气体钢瓶减压阀

在物理化学实验中，经常要用到氧气、氮气、氢气、氩气等气体。通常情况下，这些气体都储存在专用的高压气体钢瓶中。在使用过程中，钢瓶内的气体通过合适的减压阀调节输出的气体压力降至实验所需范围，再通过其他控制阀微调，达到所需的压力后，输入使用系统。最常用的减压阀为氧气减压阀，简称氧压表。

(1) 氧气减压阀的工作原理

氧气减压阀的外观及工作原理如图 3-10-1 和图 3-10-2。

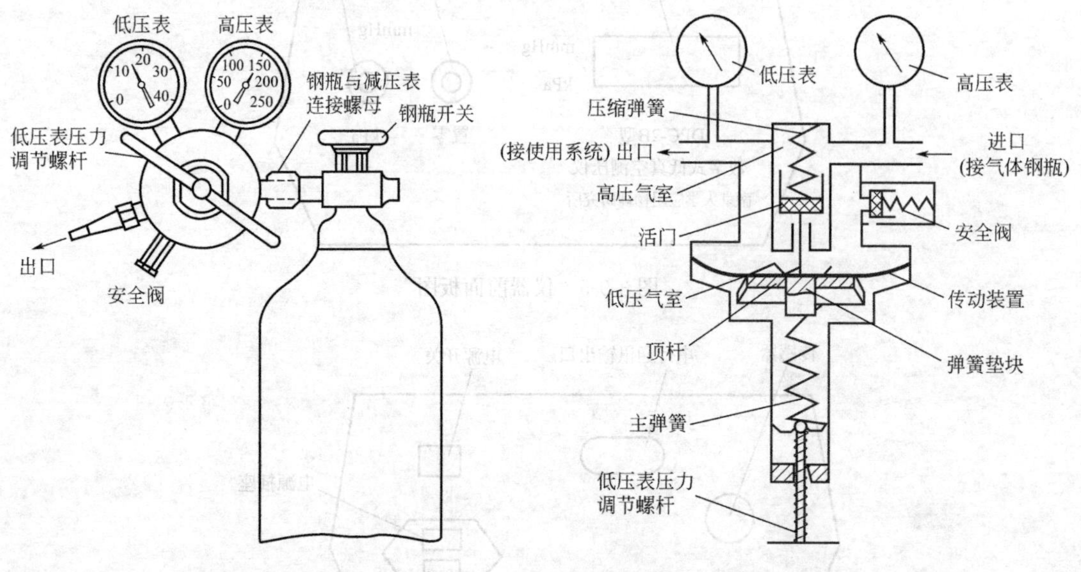

图 3-10-1　氧气减压阀的外观图　　　图 3-10-2　氧气减压阀的工作原理图

氧气减压阀的高压腔为气体进口，与钢瓶连接；低压腔为气体出口，与使用系统相连接。高压表显示钢瓶内储存气体的压力，低压表显示输出压力，其压力可由调节螺杆控制。

钢瓶的使用方法可参考如下。

① 打开钢瓶总开关。

② 顺时针转动低压表压力调节螺杆，使其压缩主弹簧并传动薄膜、弹簧垫块和顶杆而将活门打开。这样钢瓶内的高压气体由高压室经节流减压后进入低压室，并经出口通往工作系统。

③ 转动调节螺杆，改变活门开启的高度，从而调节高压气体的通过量并达到使用所需的压力值。

④ 使用结束后，关闭钢瓶上的总开关。

⑤ 调节螺杆，将减压阀低压室中余气放净，待高压表和低压表示数均降为 0。

⑥ 逆时针拧松调节螺杆，以免弹性元件长久受压变形。

减压阀都装有安全阀。它是保护减压阀并使之安全使用的装置，也是减压阀出现故障时的信号装置。如果由于减压阀内部元件故障导致出口压力自行上升并超过一定许可值时，安全阀就会自动打开排气，保证使用安全和人身安全。

(2) 氧气减压阀的使用方法

① 按使用要求的不同，氧气减压阀有许多规格。最高进口压力大多为 150kg/cm^2（约 15MPa），最低进口压力不小于出口压力的 2.5 倍。出口压力规格较多，一般为 0～1kg/cm^2，最高出口压力为 40kg/cm^2（约 4MPa）。

② 安装减压阀时应确定其连接规格是否与钢瓶和使用系统的接头相一致。减压阀与钢瓶采用半球面连接，靠旋紧螺母使两者完全吻合。因此，在使用时应保持两个半球面的光洁，以确保良好的气密效果。安装前可用高压气体吹除灰尘。必要时也可用聚四氟乙烯等材料作垫圈，确保其密封性。

③ 氧气减压阀应严禁接触油脂，以免发生火警事故。

④ 停止工作时，应将减压阀中余气放净，然后拧松调节螺杆以免弹性元件长久受压变形。

⑤ 减压阀应避免撞击振动，不可与腐蚀性物质相接触。

(3) 其他气体减压阀

有些气体，例如氮气、空气、氩气等永久性气体，可以采用氧气减压阀。但还有一些气体，如氨等腐蚀性气体，则需要专用减压阀。市面上常见的有氢气、氨、乙炔、丙烷、水蒸气等专用减压阀。这些减压阀的使用方法及注意事项与氧气减压阀基本相同。但是，还应该指出：专用减压阀一般不用于其他气体。为了防止误用，有些专用减压阀与钢瓶之间采用特殊连接口。例如氢气和丙烷均采用左牙螺纹，也称反向螺纹，安装时应特别注意。

参考文献

[1] 游伯坤. 温度测量仪表. 北京：机械工业出版社，1982.

[2] 刘常满. 温度测量与仪表维修问答. 北京：中国计量出版社，1986.

[3] 黄泽铣. 热电偶原理及其检定. 北京：中国计量出版社，1993.

[4] 黄力仁，郑金坚. 温度表. 北京：水利电力出版社，1994.

[5] 清华大学物理化学教研室. 物理化学实验. 北京：清华大学出版社，1991.

[6] 复旦大学物理化学教研室. 物理化学实验. 北京：高等教育出版社，1993.

[7] 北京大学物理化学教研室. 物理化学实验. 北京：北京大学出版社，1995.

[8] 南京大学物理化学教研室. 物理化学实验. 南京：南京大学出版社，1998.

[9] 物理化学实验编写组. 北京科技大学物理化学实验讲义. 第 4 版. 北京：北京科技大学印刷厂，2010.

[10] 武汉大学化学和分子科学实验中心编. 物理化学实验. 武昌：武汉大学出版社，2004.

[11] 复旦大学等编. 物理化学实验. 第 3 版. 北京：高等教育出版社，2004.

附　录

附录 1　国际单位制

附表 1-1　主要物理量的 SI 制单位名称及符号

物理量	名称	符号	物理量	名称	符号
面积	平方米	m^2	功、能量、热量、焓	焦耳	J(N·m)
体积	立方米	m^3	摩尔内能、摩尔焓	焦耳每摩尔	J/mol
摩尔体积	立方米每摩尔	m^3/mol	功率	瓦特	W(J/s)
比容	立方米每千克	m^3/kg	热容量、熵	焦耳每开尔文	J/K
频率	赫兹	Hz(1/s)	摩尔热容量、摩尔熵	焦耳每摩尔开尔文	J/(mol·K)
密度	千克每立方米	kg/m^3	比热容	焦耳每千克开尔文	J/(kg·K)
摩尔质量	千克每摩尔	kg/mol	黏滞系数	牛顿秒每平方米	$N\cdot s/m^2$
速度	米每秒	m/s	热导率	瓦特每米开尔文	W/(m·K)
角速度	弧度每秒	rad/s	扩散系数	平方米每秒	m^2/s
力	牛顿	N	电量	库仑	C(A·s)
压强	帕斯卡	$Pa(N/m^2)$	电压、电动势	伏特	V(W/A)
表面张力	牛顿每米	N/m	电阻	欧姆	Ω(V/A)
冲量、动量	牛顿秒	N·s			

附表 1-2　国际单位制（SI）基本单位

物理量	名称	符号	物理量	名称	符号
长度	米	m	热力学温度	开尔文	K
质量	千克	kg	物质的量	摩尔	mol
时间	秒	s	发光强度	坎德拉	cd
电流强度	安培	A			

附录 2　物理化学常用符号

1. 物理量符号名称（拉丁文）

符号	名称	符号	名称
A	Helmholtz 自由能，指数前因子，面积	F	Faraday 常量，力，自由度数
a	van der Waals 参量，相对活度	f	自由度
b	van der Waals 参量，碰撞参数	G	Gibbs 函数（自由能），电导
b_B	物质 B 的质量摩尔浓度，亦有用 m_B	g	重力加速度
B	任意物质，溶质	H	焓
C	热容，独立组分数	h	高度，Planck 常量
C	库仑	I	电流强度，离子强度，光强度
c	物质的量浓度，光速	J	焦耳
D	介电常数，解离能，扩散系数	j	电流密度
d	直径	K	平衡常数
E	能量，电动势，电极电势	k	Boltzmann 常量，反应速率系数
e	电子电荷	L	Avogadro 常量

续表

l	长度，距离	T	热力学温度
M	摩尔质量	t	时间，摄氏温度
M_r	物质的相对摩尔质量	u	离子电迁移率
m	质量	V	体积
N	系统中的分子数	$V_m(B)$	物质B的摩尔体积
n	物质的量，反应级数	V_B	物质B的偏摩尔体积
P	相数(亦有用)，概率因子	ν	物质B的计量系数
p	压力	W	功
Q	热量，电量	w_B	物质B的质量分数
q	吸附量	x_B	物质B的摩尔分数
R	标准摩尔气体常量，电阻，半径	y_B	物质B在气相中的摩尔分数
R, R'	独立的化学反应数和其他限制条件件数	Z	配位数，碰撞频率
r	速率，距离，半径	z	离子价数，电荷数
S	熵，物种数		

2. 物理量符号名称(希腊文)

α	热膨胀系数，转化率，解离度	θ	特征温度
β	冷冻系数	Γ	表面吸附超量
γ	$C_{p,m}/C_{V,m}$之值，活度因子，表面张力	δ	非状态函数的微小变化量，距离，厚度
ε	能量，介电常数	Δ	状态函数的变化量
ζ	动电电势	μ_J	Joule 系数
η	热机效率，超电势，黏度	$\mu_{J\text{-}T}$	Joule-Thomson 系数
θ	覆盖率，角度	v	速度
κ	电导率	ξ	反应进度
λ	波长	Π	渗透压，表面压力
Λ_m	摩尔电导率	ρ	电阻率，密度，体积质量
μ	化学势，折合质量	τ	弛豫时间，时间间隔

3. 其他符号和上下标(正体)

g	气态(gas)	e	外部(external)，环境，亦有用 amb
l	液态(liquid)	vap	蒸发(vaporation)
s	固态(solid)，秒(second)	$\pm$	离子平均
mol	摩尔(molar)	$\neq$	活化络合物或过渡状态
r	转动(rotation)，化学反应(reaction)	id	理想(ideal)
sat	饱和(saturation)	re	实际(real)
sln	溶液(solution)		连乘号
sol	溶解		加和号
sub	升华(sublimation)	exp	指数函数(exponential)
trs	晶型转变(transformation)	def	定义(definition)
mix	混合(mixture)		
dil	稀释(dilution)		

附录 3　物理化学实验中常用数据表

附表 3-1　不同温度下水的表面张力

t/℃	σ/(10^{-3}N/m)	t/℃	σ/(10^{-3}N/m)	t/℃	σ/(10^{-3}N/m)
0	75.64	17	73.19	26	71.82
5	74.92	18	73.05	27	71.66
10	74.22	19	72.90	28	71.50
11	74.07	20	72.75	29	71.35
12	73.93	21	72.59	30	71.18
13	73.78	22	72.44	35	70.38
14	73.64	23	72.28	40	69.56
15	73.49	24	72.13	45	68.74
16	73.34	25	71.97		

附表 3-2　不同温度下水的折射率

t/℃	纯水	t/℃	纯水	t/℃	纯水
14	1.33348	28	1.33219	42	1.33023
15	1.33341	30	1.33192	44	1.32992
16	1.33333	32	1.33164	46	1.32959
18	1.33317	34	1.33136	48	1.32927
20	1.33299	36	1.33107	50	1.32894
22	1.33281	38	1.33079	52	1.32860
24	1.33262	40	1.33051	54	1.32827
26	1.33241				

注：相对于空气；钠光波长 589.3nm。

附表 3-3　不同温度下水的饱和蒸汽压

t/℃	0.0		0.2		0.4		0.6		0.8	
	mmHg	kPa	mmHg	kPa	mmHg	kPa	mmHg	kPa	mmHg	kPa
0	4.579	0.6105	4.647	0.6195	4.715	0.6286	4.785	0.6379	4.855	0.6473
1	4.926	0.6567	4.998	0.6663	5.070	0.6759	5.144	0.6858	5.219	0.6958
2	5.294	0.7058	5.370	0.7159	5.447	0.7262	5.525	0.7366	5.605	0.7473
3	5.685	0.7579	5.766	0.7687	5.848	0.7797	5.931	0.7907	6.015	0.8019
4	6.101	0.8134	6.187	0.8249	6.274	0.8365	6.363	0.8483	6.453	0.8603
5	6.543	0.8723	6.635	0.8846	6.728	0.8970	6.822	0.9095	6.917	0.9222
6	7.013	0.9350	7.111	0.9481	7.209	0.9611	7.309	0.9745	7.411	0.9880
7	7.513	1.0017	7.617	1.0155	7.722	1.0295	7.828	1.0436	7.936	1.0580
8	8.045	1.0726	8.155	1.0872	8.267	1.1022	8.380	1.1172	8.494	1.1324
9	8.609	1.1478	8.727	1.1635	8.845	1.1792	8.965	1.1952	9.086	1.2114
10	9.209	1.2278	9.333	1.2443	9.458	1.2610	9.585	1.2779	9.714	1.2951
11	9.844	1.3124	9.976	1.3300	10.109	1.3478	10.244	1.3658	10.380	1.3839
12	10.518	1.4023	10.658	1.4210	10.799	1.4397	10.941	1.4527	11.085	1.4779
13	11.231	1.4973	11.379	1.5171	11.528	1.5370	11.680	1.5572	11.833	1.5776
14	11.987	1.5981	12.144	1.6191	12.302	1.6401	12.462	1.6615	12.624	1.6831
15	12.788	1.7049	12.953	1.7269	13.121	1.7493	13.290	1.7718	13.461	1.7946
16	13.634	1.8177	13.809	1.8410	13.987	1.8648	14.166	1.8886	14.347	1.9128
17	14.530	1.9372	14.715	1.9618	14.903	1.9869	15.092	2.0121	15.284	2.0377
18	15.477	2.0634	15.673	2.0896	15.871	2.1160	16.071	2.1426	16.272	2.1694
19	16.477	2.1967	16.685	2.2245	16.894	2.2523	17.105	2.2805	17.319	2.3090

续表

t/℃	0.0		0.2		0.4		0.6		0.8	
	mmHg	kPa	mmHg	kPa	mmHg	kPa	mmHg	kPa	mmHg	kPa
20	17.535	2.3378	17.753	2.3669	17.974	2.3963	18.197	2.4261	18.422	2.4561
21	18.650	2.4865	18.880	2.5171	19.113	2.5482	19.349	2.5796	19.587	2.6114
22	19.827	2.6434	20.070	2.6758	20.316	2.7068	20.565	2.7418	20.815	2.7751
23	21.068	2.8088	21.342	2.8430	21.583	2.8775	21.845	2.9124	22.110	2.9478
24	22.377	2.9833	22.648	3.0195	22.922	3.0560	23.198	3.0928	23.476	3.1299
25	23.756	3.1672	24.039	3.2049	24.326	3.2432	24.617	3.2820	24.912	3.3213
26	25.209	3.3609	25.509	3.4009	25.812	3.4413	26.117	3.4820	26.426	3.5232
27	26.739	3.5649	27.055	3.6070	27.374	3.6496	27.696	3.6925	28.021	3.7358
28	28.349	3.7795	28.680	3.8237	29.015	3.8683	29.354	3.9135	29.697	3.9593
29	30.043	4.0054	30.392	4.0519	30.745	4.0990	31.102	4.1466	31.461	4.1944
30	31.824	4.2428	32.191	4.2918	32.561	4.3411	32.934	4.3908	33.312	4.4412
31	33.695	4.4923	34.082	4.5439	34.471	4.5957	34.864	4.6481	35.261	4.7011
32	35.663	4.7547	36.068	4.8087	36.477	4.8632	36.891	4.9184	37.308	4.9740
33	37.729	5.0301	38.155	5.0869	38.584	5.1441	39.018	5.2020	39.457	5.2605
34	39.898	5.3193	40.344	5.3787	40.796	5.4390	41.251	5.4997	41.710	5.5609
35	42.175	5.6229	42.644	5.6854	43.117	5.7484	43.595	5.8122	44.078	5.8766
36	44.563	5.9412	45.054	6.0087	45.549	6.0727	46.050	6.1395	46.556	6.2069
37	47.067	6.2751	47.582	6.3437	48.102	6.4130	48.627	6.4830	49.157	6.5537
38	49.692	6.6250	50.231	6.6969	50.774	6.7693	51.323	6.8425	51.879	6.9166
39	52.442	6.9917	53.009	7.0673	53.580	7.1434	54.156	7.2202	54.737	7.2976
40	55.324	7.3759	55.91	7.451	56.51	7.534	57.11	7.614	57.72	7.695

附表 3-4　不同温度下水的密度（1atm）

温度/K	密度 ρ/(g/cm³)	温度/K	密度 ρ/(g/cm³)	温度/K	密度 ρ/(g/cm³)
273	0.9998395	291	0.9985956	308	0.9940319
274	0.9998985	292	0.9984052	309	0.9936842
275	0.9999399	293	0.9982041	310	0.9933287
276	0.9999642	294	0.9979925	311	0.9929653
277	0.9999720	295	0.9977705	312	0.9925943
278	0.9999638	296	0.9975385	313	0.9922158
279	0.9999402	297	0.9972965	314	0.9918298
280	0.9999015	298	0.9970449	315	0.9914364
281	0.9998482	299	0.9967837	316	0.9910358
282	0.9997808	300	0.9965132	317	0.9906280
283	0.9996996	301	0.9962335	318	0.9902132
284	0.9996051	302	0.9959448	319	0.9897914
285	0.9994947	303	0.9956473	320	0.9893628
286	0.9993771	304	0.9953410	321	0.9889273
287	0.9992444	305	0.9950262	322	0.9884851
288	0.9990996	306	0.9947030	323	0.9880363
289	0.9989430	307	0.9943715	373	0.9583637
290	0.9987749				

附表 3-5　不同温度下水的黏度

温度 t/℃	黏度 η /10^{-3}Pa·s	温度 t /℃	黏度 η /10^{-3}Pa·s	温度 t/℃	黏度 η /10^{-3}Pa·s	温度 t/℃	黏度 η /10^{-3}Pa·s
0	1.7921	11	1.2713	21	0.9810	31	0.7840
1	1.7313	12	1.2363	22	0.9579	32	0.7679
2	1.6728	13	1.2028	23	0.9358	33	0.7523
3	1.6191	14	1.1709	24	0.9142	34	0.7371
4	1.5674	15	1.1404	25	0.8937	35	0.7225
5	1.5188	16	1.1111	26	0.8737	36	0.7085
6	1.4728	17	1.0828	27	0.8545	37	0.6947
7	1.4284	18	1.0559	28	0.8360	38	0.6814
8	1.3860	19	1.0299	29	0.8180	39	0.6685
9	1.3462	20	1.0050	30	0.8007	40	0.6560
10	1.3077	20.2	1.0000				

附表 3-6　常见液体和沸点

化合物名称	沸点 /℃	化合物名称	沸点 /℃
i-Pentane(异戊烷)	30	Ethylene dichloride(二氯化乙烯)	84
n-Pentane(正戊烷)	36	*n*-Butanol(正丁醇)	117
Petroleum ether(石油醚)	30～60	*n*-Butyl acetate(醋酸丁酯;乙酸丁酯)	126
Hexane(己烷)	69	*n*-Propanol(丙醇)98	
Cyclohexane(环己烷)	81	Methyl isobutyl ketone(甲基异丁酮)	119
Isooctane(异辛烷)	99	Tetrahydrofuran(四氢呋喃)	66
Trifluoroacetic acid(三氟乙酸)	72	Ethyl acetate(乙酸乙酯)	77
Trimethylpentane(三甲基戊烷)	99	*i*-Propanol(异丙醇)	82
Cyclopentane(环戊烷)	49	Chloroform(氯仿)	61
n-Heptane(正庚烷)	98	Methyl ethyl ketone(甲基乙基酮)	80
Butyl chloride(丁基氯;丁酰氯)	78	Dioxane(二噁烷;二氧六环;二氧杂环已烷)	102
Trichloroethylene(三氯乙烯;乙炔化三氯)	87	Pyridine(吡啶)	115
Carbon tetrachloride(四氯化碳)	77	Acetone(丙酮)	57
Trichlorotrifluoroethane(三氯三氟代乙烷)	48	Nitromethane(硝基甲烷)	101
i-propyl ether(丙基醚;丙醚)	68	Acetic acid(乙酸)	118
Toluene(甲苯)	111	Acetonitrile(乙腈)	82
p-Xylene(对二甲苯)	138	Aniline(苯胺)	184
Chlorobenzene(氯苯)	132	Dimethyl formamide(二甲基甲酰胺)	153
o-Dichlorobenzene(邻二氯苯)	180	Methanol(甲醇)65	
Ethyl ether(二乙醚;醚)	35	Ethylene glycol(乙二醇)	197
Benzene(苯)	80	Dimethyl sulfoxide(二甲亚砜 DMSO)	189
Isobutyl alcohol(异丁醇)	108	Water(水)	100
Methylene chloride(二氯甲烷)	240	Ethanol(乙醇)	78

附表 3-7　饱和型标准电池电动势温度校正表

温度/℃	电动势变化/V	温度/℃	电动势变化/V
30.0	－0.00049	20.0	±0.00000
29.5	－0.00047	19.5	＋0.00002
29.0	－0.00044	19.0	＋0.00004
28.5	－0.00041	18.5	＋0.00006
28.0	－0.00038	18.0	＋0.00008
27.5	－0.00035	17.5	＋0.00009
27.0	－0.00033	17.0	＋0.00011

续表

温度/℃	电动势变化/V	温度/℃	电动势变化/V
26.5	－0.00030	16.5	＋0.00013
26.0	－0.00028	16.0	＋0.00015
25.5	－0.00025	15.5	＋0.00016
25.0	－0.00023	15.0	＋0.00018
24.5	－0.00020	14.5	＋0.00019
24.0	－0.00018	14.0	＋0.00020
23.5	－0.00015	13.5	＋0.00022
23.0	－0.00013	13.0	＋0.00023
22.5	－0.00011	12.5	＋0.00025
22.0	－0.00008	12.0	＋0.00026
21.5	－0.00006	11.5	＋0.00027
21.0	－0.00004	11.0	＋0.00028
20.5	－0.00002	10.5	＋0.00029
20.0	±0.00000	10.0	＋0.00030

注：20℃时电动势值为1.01845V。